JN298427

"家畜"のサイエンス

森田琢磨・酒井仙吉・唐澤　豊・近藤誠司　共著

文永堂出版

表紙デザイン：中山康子（株式会社 ワイクリエイティブ）

は じ め に

　この本の出版元である文永堂出版株式会社からは，約20年前に『畜産学』が，さらに学術の進展に合わせ書き改めて，8年前には『新版 畜産学』が刊行されております．
　私は上記2冊の編集に関与してまいりまして，ことに『新版 畜産学』につきましては，誠にコンパクトに纏(まと)まった畜産学豆百科事典だと自画自賛しております．
　それなのに，なぜまた同じ畜産関係の本なのでしょうか．

　実は，上記2著の計画の段階で，取っ付きやすく，しかも内容的には充実した教科書をと考えました．そして，多くの専門家を煩わせ，数回に及ぶ推敲(すいこう)を重ねただけあって，教科書として内容的には成功したと思います．
　しかし，取っ付きやすさという点では失敗でした．考えてみれば無理もありませんよね．そもそも，教科書としてならば広範囲な内容を体系的に記述しなければなりません．とても取っ付きやすくは書き難いですよね．

　でも，ずっと残念だと思ってきました．
　そして，教科書ではなく啓蒙書としてなら，必ずしも体系的でなくともよいわけですから，充実した内容を取っ付きやすく書けるはずだと思い付きました．
　ときを同じくして，文永堂出版では，近時の大学入学生の動向から，もっと取っ付きやすい方がよく，そのためには畜産関係の書籍が2冊になっても止むを得ないと考えられ，計画してみないかとのご慫慂(しょうよう)があり，渡りに船と乗った次第でした．

　まず，大切なのは上述のような趣旨に賛成していただき，かつ，難しい内容

はじめに

を平易に表せる筆力をお持ちの，さらに，なるべく少ない人数の著者を選ぶことでした．幸い，正に打って付けの人材で，専門分野を異にするお三方の賛同が得られました．

次には，取っ付きやすく，読みやすくする工夫です．そこで，2000年暮にお三方に参集願い，忌憚(きたん)のない意見交換を行いました．その結果，本文でお判りいただけますように，①話題形式とし，かつ，各話題を見開き頁に納める．②長くなる話題には小見出しを設ける．③従来の学術書のような文語調ではなく，口語調とする．④重複するところが出てくるだろうが，異なる分野からの記述であるので，多少は止むを得ない．⑤そのような場合も含め，お互いの間の意見交換が必須であるが，それにはEメールを用いる．

以上のようにして発足し，2001年春・秋・暮の会合を経て本書が出来上がりました．このような本ですので，どうぞ気楽にどこからでも面白そうだと思われたところから読んで下さい．

さて，読後のご感想はいかがでしょうか．

願わくば，家畜，畜産というのは面白そうな分野だな，もうちょっと勉強してみようかなとお思いになる方が1人でも多からんことを．

最後になりましたが，色々な面で従来の農学書と全く異なるスタイルを採ることをお許し戴いた文永堂出版株式会社 永井富久社長の英断に深く感謝申しあげますと共に，編集の実務を担当された同社 鈴木康弘氏にも深く御礼申しあげます．

2002年元旦　　　　　　　　　　　　　　　森田琢磨

執 筆 者（執筆順）

故 森 田 琢 磨　東京農工大学名誉教授　　　（p.2～3, p.184～189）
　 酒 井 仙 吉　東京大学名誉教授　　　　　　　　（p.4～63）
　 唐 澤 　 豊　信州大学名誉教授　　　　　　　　（p.64～129）
　 近 藤 誠 司　北海道大学大学院農学研究院教授　（p.130～183）

　　　　　　　　　　　　　　　　　　　（　）内は執筆個所

目　　次

- プロローグ　人と家畜 …………………………………………………… 2
  （『家畜文化史』という本があります／朝の食卓にて／人と家畜の新しい関係）
- 太陽と生物 ………………………………………………………………… 4
  （植物と動物の特徴／太陽エネルギーの流れ／弱肉強食と共生の世界／望ましい地球）
- 食糧の生産は文化 ………………………………………………………… 8
  （農はなりわい／農耕文明の誕生／巨大文明の誕生／1万年前のヨーロッパ）
- 人が利用する動物たち …………………………………………………… 12
  （家畜に含まれない動物たち／最も古い家畜／家畜化された動物たち／草を食べる家畜／穀物を食べる家畜）
- 家畜と呼ばれる動物たち ………………………………………………… 16
  （風土が生み出した家畜／さまざまな用途）
- 人が作った動物たち ……………………………………………………… 18
  （望ましい個体の発見／体型と能力の変化）
- 世界で飼われている動物たち …………………………………………… 20
  （オセアニアの羊と南米の牛／アジアとヨーロッパの家畜／適地適家畜）
- 暮らしを支える動物たち ………………………………………………… 22
  （戦後の食生活の変化／戦後の牛頭数の変遷／日欧米の食生活）
- さまざまな種類の牛 ……………………………………………………… 26
  （牛の祖先／乳用牛が作られた地域／肉を生産する牛）
- 動物を改良する …………………………………………………………… 28
  （改良される形質／家畜の改良を始めた人々／科学的に育種する）
- 多様な個体を生み出す遺伝 ……………………………………………… 30
  （染色体／減数分裂／受精／自然淘汰と品種改良）
- 量的形質の遺伝 …………………………………………………………… 32

目　　次　　　　　　　　　v

　　　(表現型と遺伝子型／集団の平均／遺伝率が持つ意味)
遺伝率を推定する ………………………………………………… 34
　　　(遺伝学と統計学／血縁関係があるとき／血縁関係がないとき／狭義の遺伝率)
動物を選抜する …………………………………………………… 36
　　　(3種類の選抜方法／後代検定による選抜)
動物を交配する …………………………………………………… 38
　　　(無作為交配と作為交配／遺伝的相似交配と近交係数／遺伝的非相似交配と実用鶏／表現的相似(非相似)交配／累進交配／近交退化と雑種強勢)
動物を増やす ……………………………………………………… 42
　　　(凍結精液と人工授精／受精卵移植／体細胞クローン)
雌　と　雄 ………………………………………………………… 44
　　　(子育ての進化／性の決定／雄の特質／雌の特質／発情周期の調節／妊娠の維持)
乳は子の食べもの ………………………………………………… 50
　　　(栄養学からみた乳／初乳の役割／乳の糖は乳糖／乳腺の構造／乳が出る機構／乳が作られる期間と泌乳曲線)
卵はヒナの食べもの ……………………………………………… 56
　　　(卵ができる順序／ヒナが孵る／腐らない卵／丈夫な卵殻)
肉 を 食 べ る ……………………………………………………… 60
　　　(保存の方法／秋とト殺／ソーセージ，ハム，ベーコン)
牛乳を食べる ……………………………………………………… 62
　　　(チーズ／ヨーグルト／バター)
家畜の栄養，人の栄養 …………………………………………… 64
　　　(外部環境としての栄養／野生動物にとっての栄養／人の栄養／家畜飼養と人の関わり／家畜の栄養は何のため)
栄養があるとはどんなことか …………………………………… 68
　　　(栄養成分を含むこと，そして消化されること／消化と吸収，その意味は／利用される栄養素，利用されない栄養素／利用されるエネルギー，利用されないエネルギー／タンパク質の蓄積と利用)
食欲を感じるメカニズム ………………………………………… 72

(空腹と満腹／食欲の中枢／何が食欲に影響するか)

熱を得る ………………………………………………………… 76
  (栄養素の燃焼／体の中で燃えているものは何)

タンパク質はなぜ毎日とるのか ………………………………… 78
  (絶えず更新している体のタンパク質／組織によって異なる更新速度／更新に影響するホルモン)

窒素排泄のさまざま ……………………………………………… 80
  (窒素の排泄と水環境／解毒処理のためのアミノ酸／尿素のでき方／尿酸のでき方)

反芻胃，すぐれた発酵槽 ………………………………………… 84
  (発酵槽の大きさ／発酵槽の中をみる／反芻家畜と微生物の関係／セルロースの分解／タンパク質の消化と代謝／その他の栄養素／栄養の特徴)

糞を食べる動物たち ……………………………………………… 90
  (腸糞，盲腸糞／盲腸糞を出す不思議／食糞の意味)

身体を維持する …………………………………………………… 92
  (基礎代謝とは／基礎代謝量を測る／維持のエネルギーを求める／維持のためのタンパク質量)

維持のための餌，生産のための餌 ……………………………… 96
  (粗飼料と濃厚飼料／餌のエネルギー／代謝エネルギーの効率／維持のための粗飼料，生産のための濃厚飼料)

食物繊維も大切だ ……………………………………………… 100
  (なぜ食物繊維か／食物繊維とは／食物繊維の効用／血中コレステロール改善効果／重要視されるようになった食物繊維)

必須アミノ酸 …………………………………………………… 104
  (必須アミノ酸だけでは育たない／必須アミノ酸のない動物／動物により異なる必須アミノ酸)

反芻家畜の餌 …………………………………………………… 106
  その1．バイパス飼料 ……………………………………… 106
  (変貌した家畜飼育／バイパス栄養素の必要性／バイパス化する)

目　次　　　　　　　　vii

　　その2．尿素の給与 …………………………………………………………109
　　　（尿素飼料の開発／利用できる非タンパク態窒素化合物／よりよく利用するために）
　　その3．低質粗飼料の高度利用 ……………………………………………111
　　　（背景と原理／処理の方法）
飲まず食わずのラクダ …………………………………………………………112
　　（生態系にかなったラクダ／飲まずに17日間のラクダ／体温をかえ，熱負荷を軽くする／尿を出さないラクダ／断熱材をまとったラクダ／ラクダのこぶには水がある）
草を食べるダチョウ ……………………………………………………………116
　　（日本の食糧自給率と遊休農地／資源の利活用になるダチョウの導入／草が大好き／草に適したダチョウの消化器）
家畜を飼うなら土つくり ………………………………………………………120
　　（土－餌－家畜／硝酸塩中毒／グラステタニー／くわず症／セレニウム・銅・亜鉛欠乏）
家畜飼育と環境負荷　栄養学的アプローチ …………………………………122
　　（家畜と環境負荷物質／乾物消化率を高める／窒素の利用性を高める／リンの利用性を高める／メタンを減らす）
家畜の餌でノーベル賞 …………………………………………………………126
　　（家畜の発酵食品，サイレージ／AIVサイレージ／サイレージの技術とサイロ）
餌を食べる ………………………………………………………………………130
　　（餌の食べ方／くちばしで食べる／唇と歯で食べる／牛型，山羊・羊型，馬型／グレーザー，リーフイーター，ブラウザー／どれくらい食べるんだろう／乾物含量ではかる／牛が食べる濃厚飼料／たくさん食べさせるために／草を食べて生きる／反芻胃で消化する／盲腸，大腸で消化する／牛が有利か，馬が有利か）
休　息　す　る …………………………………………………………………138
　　（豚の休息／草食家畜の休息／座り込む／立ち上がる／寝ウシ，立ちウマ）
群　れ　の　仲　間 ……………………………………………………………142
　　（群れで暮らすメリット／群れで暮らすデメリット／群れの中の順位／面積と順

　　　　位／個体間の距離と空間構造／もう1つの個体間距離)

性行動と子育て ……………………………………………………………146
　　(性行動の周期と発情／性行動は雄と雌のキャッチボール／子育てと刷込み／馬や牛の子育て／ハイダーとフォロワー，どっちが有利か)

乳と肉をつくる ……………………………………………………………152
　　(乳搾り／人の乳房，牛の乳房／乳搾りの現在／ミルキングパーラーのタイプ／おいしい肉をつくる／霜降り肉をつくる／乳牛の牛肉／草でつくる牛肉)

放 牧 と 遊 牧 ……………………………………………………………158
　　(放牧ってなあに／放牧方式のいろいろ／放牧地という複雑系の世界／遊牧ってなあに／遊牧と畜産の起源／放牧は忙しい／環境を考慮した技術としての遊牧)

家畜は学習する ……………………………………………………………164
　　(学習とは／スキナーボックスと迷路／管理を学習した豚たち／家畜を管理するロボットたち／ロボット乳母豚／ロボット乳母牛／搾乳ロボット)

家畜の動きをコントロールする …………………………………………170
　　(人の立つ位置／杖と鞭の効用)

家畜の病気，人の病気 ……………………………………………………172
　　(人畜共通伝染病／口蹄疫／BSE（狂牛病）／口蹄疫，BSEと飼料／病気と輸入飼料／牛痘とエキノコックス／動物の心身症)

家畜と人のこれから ………………………………………………………178
　　(動物愛護と家畜福祉／家畜の権利思想と家畜福祉／家畜福祉のグローバリゼーション／アジア的家畜福祉，共生の伝統とグローバリゼーション／馬にみる人と家畜のこれから)

家畜はどんなところで暮らしてきたか …………………………………184
　　(廐という言葉を知っていますか／そして，環境制御の時代へ／日本の気候の特徴は／さらに新たなる時代へ／牛を桃林の野に放つ／地球がもっと暑くなったら)

"家畜"のサイエンス

森田琢磨　酒井仙吉　唐澤　豊　近藤誠司　共著

文永堂出版

プロローグ　人と家畜

『家畜文化史』という本があります

　古く1974年に法政大学から出版された，厚さが1,058頁にも及ぶ大著です．ともかく，人と関わりのあった動物全部が対象にされ，自然科学から社会科学にわたる広範な領域について，その当時までにわかっていることはすべて記載されているとも思えるほどの大著です．実はこの本の著者は，のちに小樽商科大学の学長をされた経済学者の加茂儀一といわれる方ですが，なぜ，全く方面の違う家畜関係の書物を書かれたのでしょうか．

　加茂先生はこの本の序文で，次のように述べておられます．

　「数千年という長い間，現代にいたるまで人類の進歩は家畜に負うところが大であった」とし，それゆえに，経済畑の出身でありながら，「大学を出てから，私は，ルネッサンスや，産業革命の研究をしながら，家畜の発展史を人類の物質文化，いわば下部構造の歴史として，文明史の形でとりあげたいと考えるにいたった」と研究の動機を述べておられます．

　このように，大昔から家畜および畜産は人類の文化に深く関わってきたといえます．

朝の食卓にて

　ホテルの朝の食卓を覗いてみましょう．ジュース類だけでなく，注文すれば牛乳も持ってきてくれます．そして，卵の調理法を，次いで，その相方はハムかベーコンかと聞かれ，パンにはバターが，飲み物にはクリームが付いて出てきます．これにチーズが加わったら，肉の種類はともかくとして，朝から畜産食品のオンパレードですね．

　わが国でも，王朝時代には牛乳・乳製品が朝廷を中心として作られ，その名残りは今日でも醍醐味（醍醐とは，牛乳を煮詰めてから発酵，精製したもの）という言葉にみられます．食肉は，675年天武天皇が発布し，以後再々出された肉

食禁止令によって，その慣習は公にはできあがりませんでしたが，密かには猪肉を山くじら，馬肉を桜肉と隠語で呼んで，好んで食していました．

　面白いのは，ニューギニアの原住民は，いも類を基本とした食事を適切にとり，カロリーは十分足りていても，1週間ぐらい猪の肉などを食べないときには，「今週は何も食べていない」と嘆くそうで，上記と併せて，いかに獣肉が世界的に好まれているかがわかります．

　このような畜産食品や毛および皮など総称して畜産物を生産してくれる家畜を用畜といいますが，家畜は昔から動力や交通手段としてもきわめて重要でした．このような家畜は役畜と呼ばれ，代表的なものとして牛，水牛，次いで馬があげられますが，地域によっては騾馬や驢馬の働きも未だに大きいのです．今日でも，発展途上国では欠かせない働き手として国の経済を支えていますし，世界の全使用力量でみても1986年当時でトラクターとちょうど半々を占めています．

人と家畜の新しい関係

　近時，1978年にアメリカで"人と動物との絆"をテーマにした世界会議が，また，わが国でも85年にこれについてのセミナーが開かれ，動物が人に及ぼす肉体的，精神的な効用が取り上げられるようになりました．さらに，このメリットに着目し，動物との触れ合いをもっと積極的に医療の分野に生かそうとするアニマルアッシステッドセラピー（動物介在療法）さえ生まれました．

　また，ボランティアが動物を連れて老人福祉施設や心身障害者の施設などを訪問する"人と動物の触れ合い活動"が，わが国では1986年から始まっており，1997年には訪問は約230カ所，2,000回以上に及び，また，動物としては犬の14,078頭や猫の4,651頭をはじめとし，馬，山羊，ウサギや小鳥が参加しました．

　そして，かつては愛玩動物と呼ばれ，一方的に人に隷属するとみなされていた動物たちが，今や伴侶動物（companion animal）と呼ばれるようになり，人と動物のこの新しい関係は将来ますます拡大されていくでしょう．

太陽と生物

　地球上で暮らしている生物は，生きるために必要なエネルギーを外部から得なければなりません．例えば，私たちが毎日とっている食事は，外部から必要なエネルギーを獲得する行為そのものなのです．実際には米，野菜，肉，魚などを食べているわけですが，食材をみるとすべて生物です．これら生物の生存を可能にするエネルギーの源（みなもと）は何でしょう．それが太陽なのです．ごく一部の生物を除けば，地球上で暮らしている生物は太陽に頼って生活しているのです．いいかえれば，地球上の生物は太陽がなければ生きられないのです．そこで生物の特徴を1つあげるとすれば，さまざまな姿にかえられた太陽エネルギーの利用の仕方，もしくは，摂取方法の多様性にあるといえます．

植物と動物の特徴

　最初に太陽からのエネルギーを利用できる生物として植物があげられます．実際に太陽エネルギーを直接利用できる生物は植物以外に存在しないのです．葉緑体は太陽光を利用（光合成）し，炭水化物を作ります．さらに水，窒素，リン酸，カリ，二酸化炭素などの無機物からタンパク質，脂質，ビタミンなどの有機物を作ります．有機物は生命の維持や子孫を残すために必須な物質で，太陽エネルギーが変形および凝集した物質とみなすことができます．事実上，植物が生きるために，太陽と土壌，大気，水があれば十分です．

　動物はどうでしょう．動物は葉緑体を持ちません．このため，動物は太陽エネルギーを直接利用することができないのです．もっとも，"動物でも炭水化物，タンパク質，脂質，ビタミンなどの有機物を作る"と反論されるかもしれません．それは正しいのですが，植物が無から有を作る能力を有するとすれば，動物ができることは有から有を作ることといえるでしょう．動物には，植物が変形および凝集した太陽エネルギーを餌（食べもの）という間接的な姿を通してのみ利用が許されているのです．

摂取された食べものは体内で利用され，最後には体外に排出されます．代謝された物質の一部は呼気中や皮膚からも排泄されますが，大部分は糞や尿として排泄されます．ところが，代謝の過程で発生した熱は主として体温の維持に使われ，最終的に熱線という目でみることができない熱エネルギーとして失われます．恒温動物の特徴は体温が一定していることです．恒温動物は体内で起こる化学反応により体温が一定に維持されているわけです．

このことから，動物を燃焼機関もしくは発熱機関と考えることもできます．この体内で発生する熱こそが，太陽エネルギーが姿をかえたものなのです．元素は何回も利用され地球上を循環することができますが，太陽エネルギーだけは1回の使用で宇宙に放出される1方向の流れとなっています．以上で述べたように，あらゆる生命は太陽に依存していることがわかります．

太陽エネルギーの流れ

概略図をみながら地球上で循環している物質とエネルギーの流れをみてみましょう．ただし，実際はたいへん複雑で，模式図にはおおまかな物質の循環とエネルギーの流れのみを示しました．

太陽エネルギーA＝a＋b＋c＋d（宇宙へ放出）

エネルギー（点線）と物質（実線）流れの概略図

植物は，太陽があれば無機物を原料として始めに炭水化物を合成します．次にタンパク質，脂質などの複雑な有機物を合成します．まさに植物は，光エネルギーを有機物という高エネルギー化合物に変換している生物なのです．草食動物は植物を食べて生きています．草食動物は植物を食べて本当は生きられないのですが，胃や盲腸に住み着いた微生物が草を消化し，宿主である草食動物がそれらを栄養源にしているのです．肉食動物の主食は動物です．一見すると，餌となる動物がいれば十分のようにみえますが，肉食動物といえども草食動物がいなければ生きていけません．この事実から，肉食動物であっても植物によって生かされているといえるでしょう．今，地球上で60億人が暮らしています．人も植物がなければ生存できません．微生物も動物です．餌がなければ生きられないのです．

　死とはエネルギーを得られなくなった，もしくは，恒常性を維持できなくなった状態をいいます．植物であれ動物であれ，全ての生物の死骸は微生物の働きで分解されて最後に単純な無機物となり土や大気に帰ります．これを再び植物が利用します．この意味からすれば，微生物は植物と動物の間で行われる物質交換の仲立ちをする動物といえます．身近な例では下水処理場でも微生物が活躍し，糞尿を安全な物質にしてくれます．微生物は目にみえないため，その役割を過小評価しがちです．もし，地球上に微生物が存在しない無菌の状態であるとすれば，どのような地球を想像するでしょう．多分，地球上で生命が存在できないはずです．

　このように植物，動物，微生物との間には密接な相互関係があり，お互いに持ちつ持たれつの状態で地球上の秩序が保たれているのです．人類だけが繁栄を謳歌（おうか）できないことは明らかです．

　一般に複雑な物質を作るためにはエネルギーを必要とし，一方，複雑な物質から単純な物質に変化するときにエネルギーを放出します．地球上における太陽エネルギーの循環は，単純な物質から複雑な物質へ，また，複雑な物質から単純な物質への変化を通して行われているのです．この複雑な物質が作られるために太陽が必要なのです．望ましい地球環境とは，物質の循環が円滑に行わ

れる状態といえるでしょう．

弱肉強食と共生の世界

あらゆる生物は食うか食われるかの関係（弱肉強食）にあります．食べるものと食べるものとの間に一定の関係があるため，食物連鎖として知られています．弱肉強食は，一方で持ちつ持たれつの関係（共生）もあるのです．

シマウマはライオンに食べられますが，ライオンを襲うことはありません．弱者は一方的に食われているようですが，ライオンがいなければシマウマは異常繁殖し，草原から草がなくなりシマウマもいなくなります．また，ライオンがすべてのシマウマを殺せばライオンの餌もなくなりライオンもいなくなります．このように，弱肉強食は限られた食糧をうまく配分する機構として機能しているのです．これらの関係を教える学問が生態学（ecology）です．その接頭語（eco）はギリシャ語で"家"や"環境"を意味し，"環境に優しい"ことを意味する言葉として，最近広く用いられるようになったエコマークなどもこれに由来しています．エコには，すべてが共に生きる背景が隠されていることを忘れてはなりません．

望ましい地球

太陽によってすべての生物が生かされていると述べてきました．私たちにできることは太陽エネルギーを有効に利用できる環境を維持することです．植物が順調に生育するためには，それを可能とする相応しい環境が維持されている必要があります．弱肉強食の世界は，共生の世界でもあるのです．まさに望ましい地球環境とは，すべての生物が繁栄できる環境であるといえるでしょう．そのような地球環境こそ，地球上で生活しているすべての生物が求めているものなのです．また，人類が理想とするべき環境なのです．今では人類が最大の環境破壊者となっています．人類も地球上で生存する生物の一員であるとする視点はとても大切です．

食糧の生産は文化

　人が他の動物と区別できる特徴は，言葉を話す，道具を使う，火を利用することの3点です．これらは，"文化を持つ"といってもよいでしょう．2本足で歩行するようになって両手（前足）が自由になり，かつ重い頭部を支えられるようになりました．この結果として，高度に大脳を発達させることができたからといわれています．

農はなりわい

　人も生物である以上，食べなければなりません．そして，人は安定して食糧を得る方法として農業（agriculture）を発明しました．実際，農業を組織的に発達させた生物は人以外に存在しません．英語ではその意味をagri（農）＋culture（文化）と，より端的に表現しています．

　これからわかるように，植物の栽培は人が作り出した文化なのです．動物の飼育は人が作り出した文化なのです．また，微生物を利用して作られる酒，味噌，納豆なども人が作り出した文化なのです．農業は，人が意識して必要な食糧を生産する行為といえるでしょう．農業は"農"を"生業（なりわい）"とするの意味ですが，人類が最初に生み出した職業でもあるのです．本章では農業と畜産が始まった経緯を学びましょう．

農耕文明の誕生

　最初の植物の栽培は，今から1万年前（新石器時代）に中東アジア，エジプト地帯を含む比較的温暖な地帯で始まったといわれています．氷河期でも暖かった地帯です．西洋で主食となっているコムギとオオムギの原産地は西南アジアで，農耕が始まった地帯に近い地域に自生していました．動物の飼育も1万年前に同じ地域で始まったといわれています．実質的な農耕文明はこの頃に誕生したのです．なぜこの時代から農耕を始め，動物を飼い始めたのでしょう．

その答えは，やはり安定した食糧の確保にありました．後で詳しく述べますが，1万年前に氷河期が終わると，人も野生動物も氷河が消失した地帯へと移動を開始しました．これらの地域では食糧を確保するため，野生動物の活用が避けられなかったのです．

　古い時代における食糧の確保は，貝や木の実を拾ったり，また，狩猟によって魚や野生動物を捕まえたりという，採集と狩猟に頼る生活でした．しかし，天候が不順になれば植物の生育が悪化し，植物からの食糧の確保が困難になります．また，簡単な狩猟道具しかない時代では，野生動物を捕まえることは容易でありません．今でも猟銃を使用しないで野生のイノシシを捕まえることの難しさを想像すれば十分です．動物は餌を求めて広い面積を移動します．近くから動物がいなくなれば，狩りそのものが不可能になります．このように自然に任せた状態では，食糧を安定して確保することが難しかったと容易に想像できます．そこで，自分で植物を栽培し動物を飼育すれば，安定して食糧が確保できることに気付いたに違いありません．ここに，農耕という文化が誕生する契機があったのです．

　古代日本人（縄文時代）の生活は狩猟と採集によるとされ，主食はクリ，クルミ，トチ，ドングリなどと考えられてきました．ところが最近の研究によれば，青森県三内丸山遺跡から出土した遺物を分析すると，クリは栽培されていただけでなく，品種改良（特定のクリの木の栽培）さえ行われていたことが明らかにされています．また，さまざまな種類の魚類の骨が出土することから，高度な捕獲方法を発明していた事実も知ることができます．

　最初に述べたように，人を他の動物から区別できる3種類の特質に加え，集団で生活していました．人の社会では，ある集団が学んだ事実であっても，言葉により，異なる地域に暮らす人々であっても同一の文化として共有できたのです．食糧を安定して確保したいという希望と持っている知恵との相乗効果によって，新しい文化が生まれたのです．その後の農業の発達は急速でした．

巨大文明の誕生

　おおよそ5千年から6千年前に，黄河，インダス，チグリス・ユーフラテス，ナイル川流域で最初の巨大文明が誕生しました．文明が誕生するためには支配階級の出現が不可欠ですが，これらの地域では権力を有する一部の支配階級に富が集積したのです．

　当時の富とは穀物にほかなりません．多くの食糧生産者は自分で消費する以上の穀物を生産できたのです．余剰分を税として納めることができたのです．そして，余剰分の穀物が支配者を出現させました．一例をあげると，チグリス・ユーフラテス川流域で行われていたコムギの栽培地では灌漑施設が整備され，今のアメリカの単位面積当たりの収量をもはるかに越える収量があったといわれています．

　旧約聖書では，天地創造の第6日目に神が青草と家畜を作ったと述べています．中東では多数の牛，山羊，羊が家畜として飼われ，富の象徴でした．草資源が豊富だったことを意味します．現在の姿から想像できませんが，実際に植物資源が豊かな地域だったのです．cattle（家畜）の語源をさかのぼると，財産を意味するchattelや資本を意味するcapitalに行き着きます．また，アルファベットのAは，雄牛の頭部に由来する象形文字（Aを逆にすると口から角先になる）であり，ギリシャ文字のαは牛を意味するAlefに由来します．ともに最初の文字aとαになっています．これらの事実は，なかでも牛がいかに重要な家畜であったかを暗示しています．ここに述べたように，西洋文明の基礎には家畜との長い付き合いがあるのです．

1万年前のヨーロッパ

　今から1万年前に地球の平均気温が5〜7℃上昇し，現在までで最後の氷河期が終わりました．ユーラシア大陸や北米大陸から氷河が消失し，徐々に広い大地が地球表面に顔を出しました．今のヨーロッパ大陸の姿からは想像しがたいことですが，氷河期直後では大陸の大部分が森林で覆われていました．同時に，

豊富な森林は草など植物資源があることを意味します．この植物資源を求めて，地中海東海岸や小アジアからヨーロッパに向かって草食性の野生動物が移動を始めました．野生動物を追って人も移動していきました．これらの人々は，多少とも農業を経験した人々でした．

しかしながら，氷河期が終わった頃のヨーロッパ大陸は，よい土壌といえません．実際，大部分の地域が寒冷で湿潤という農耕に適さない気象条件でした．天然資源といっても，まばらで乏しい草資源しかなかったのです．牛は草を求めて広い範囲を行動します．このような地域では野生の動物を飼いならし，動物の肉を食糧とすることが最も理屈にかなった方法となります．これらの地域では，野生動物を利用した食糧確保が必須であったことは容易に想像されます．動物を食べるのに役立つ調理方法は，肉を焼くことです．この時代の人々はすでに火の使用を知っていましたから，肉を美味しくして食べることができました．もっとも，肉を食べやすくするためには，ト殺後，低温で数日から10数日間熟成させる必要があります．当時の人々は生に近い肉を食べていたでしょうから，丈夫な顎を持っていたと想像できます．

ここに新しい植物と動物の活用が始まり，より高度な農耕文化と牧畜文化を発達させたのです．

－ 旧約聖書（創世記からの抜粋）－
神の声として
「地は青草と，種を持つ草と，種類にしたがって種のある実を結ぶ果樹とを地の上にはえさせよ」
「地は生き物を種類にしたがっていだせ．家畜と，這うものと，地の獣とを種類にしたがっていだせ」

人が利用する動物たち

多くの教科書で，家畜を「野生動物を馴化（domestication）し，人の管理下において飼育および繁殖を行い，有用な畜産物，労力などを提供する動物の総称である」と定義しています．domestic animal（家畜）とは，家で飼われる動物なのです．また，家畜は farm animal とも livestock とも表現されます．家畜は人の管理のもとで一生を送ってきた動物たちなのです．

家畜に含まれない動物たち

ゾウはインドを含む東南アジア地域で使役に使われていますが，今でも野生のゾウを調教して用いています．現在，陸上で生存する動物のうち，最大の哺乳動物を調教する技術に感心するものですが家畜には含めません．鵜飼いに用いられている鵜なども同様です．また，食べることを目的としてウナギの養殖が広く行われています．家畜の定義に当てはまりそうですが，家畜に含めることはありません．捕獲した野生の鵜や天然の稚魚を用いているためです．人の役に立っていることは事実なのですが，家畜改良の歴史からみると，"人の管理下において飼育および繁殖"の持つ意味が理解できるはずです．

最も古い家畜

犬はあまり家畜と呼ばれませんが，家畜の定義からすれば最も古い家畜です．犬は2万年前とも3万年前ともいわれるほど古い時代に，オーストラリア，東南アジア一帯で家畜化されました．敵の接近を知らせたり（番犬），狩の補助者（狩猟犬）として役立ったからです．その後，一方は東アジアからヨーロッパ方面へ，他方は中国，日本，シベリア，北米方面へと人と一緒に移動して行きました．現在では小型犬や大型犬などさまざまな特徴を備えた犬をみることができます．多数の品種が存在する事実は，人が繁殖を制御した証拠なのです．

今では猫の飼育は一般的になりましたが，犬ほど古い家畜ではありません．歴

史上，家畜化された猫の出現は，古代エジプトで初めてみられます．意図して埋葬されていること，また，ミイラとして残されていることから，大切に飼われていることがわかります．家畜化が遅れた理由は次のように考えられています．古代日本の穀物倉庫は高床式で柱にネズミ返しが設けられているように，穀物はネズミの食害を受けます．猫はネズミを捕まえること，すなわち穀物（財産）の管理者としての役目を担うことができます．この役割がエジプトで初めて認識されたわけです．家畜となるためには，可愛いいだけでは不十分なのです．猫の特徴が認められるまで家畜化されませんでした．

犬と猫の家畜化の歴史を眺めると，家畜化されるために，何らかの意味で人に役立つ特徴を持つ必要があることがわかります．

家畜化された動物たち

およそ1万年前から動物を飼い始めますが，主な目的は食用としてです．その出発をみると，家畜の発明は安定した食糧の確保が動機となっていることは間違いありません．地球上には哺乳動物で約8,500種，鳥類で約8,600種，魚類で約25,000種の動物が存在します．ところが，驚くことに家畜化された動物は合計しても100種以下です．そのうちで，乳用や肉用を目的として広く飼育されている家畜は20種程度に過ぎません．まさに，家畜とは人に選ばれた少数の動物たちなのです．

人が野生動物を家畜化して利用するためには，いくつかの条件を満たす必要があります．私たちが家畜として思い浮かべる動物は，牛，馬，豚，羊，山羊，鶏などでしょう．食性からみると，牛，馬，羊，山羊は草食性の動物です．豚と鶏は雑食性（広食性）の動物です．肉食性の動物はいません．また，単独性の強い動物もいません．上にあげた動物には一婦一夫制をとるものはおらず，群れで飼育しても何ら支障ありません．しかし，大型動物を群れで飼うためには，もう1つの技術が必要でした．それが"去勢"の発明です．おとなしくできるほか，繁殖をコントロールできるようになりました．

野生動物が家畜化されるためには，人にとって何らかの形で有用でなければ

ならないことはもちろんですが，動物側の要因として，人に慣れやすい性質を有していることを忘れることができません．

草を食べる家畜

　家畜が草を食べる，あるいは，餌の種類を問わず食べる性質はとても大切です．草からみてみると，最も豊富な天然資源です．人手を掛けて栽培する必要もありません．天候が不順であっても，たくましく育つ植物です．人が草を食べられるのであれば問題はありませんが，後で述べるようにセルラーゼという食物繊維を分解する消化酵素を持ちません．したがって，草を食べても消化できません．たとえ豊富な草があっても人の食糧にはならないのです．ところが，草食性の動物は草だけで生きられます．その動物の肉や乳なら人の食糧となります．草食動物の家畜化は，人の食べられない草資源を草食動物を経由させることにより，肉や乳という利用可能な資源に変換させる大いなる知恵なのです．1万年前に牛，羊，山羊は家畜化されますが，最初に選ばれた理由をよく理解できます．

　馬も大切な家畜ですが，牛，豚，山羊などと少し事情が異なります．諸説がありますが，馬は6千年前の黒海，カスピ海沿岸の草原地帯で乗馬用として家畜化されました．馬では下顎骨と上顎骨との間に歯のない部分があり，馬銜を噛ませることができます．先人が馬に乗り始めたのは，馬銜に手綱を結べば進む方向を自由にかえられることを知ったからといわれています．さらに4千年前になると，中東で車輪が発明されます．馬車は重い荷物を運搬するのに便利な道具です．馬の強いけん引力を利用して，運搬あるいは田畑の耕作に役立っただけでなく，馬に乗った戦士，馬がひく戦車は戦争のやり方もかえました．40年前までは運搬や農耕に従事する馬の姿は，牛と同様，日本各地で広くみることができる田園風景でした．発展途上国では，現在でもよくみられる光景です．馬も人に役立つ特徴が発見されてから家畜化されました．

穀物を食べる家畜

　家畜化される以前から，豚は最も身近な動物でした．人の生活圏に出没し，残飯などを漁（あさ）っていました．世界各地で土着の豚が飼われ，2,000種類以上と最も品種が多い畜種であることからもわかります．鶏も同様で，人の生活圏に近いところで暮らしています．鶏の原産地は東南アジアですが，森林と人が生活する場所を自由に往来し，野生の鶏（赤色野鶏など）を捕まえて飼う姿を現在でもみることができます．

　豚と鶏の仲間では食べる餌の種類が多いことが特徴で，人の食べものと共通するものがたくさんあります．効率からみれば豚や鶏に食べさせず，人が食べればよさそうなものです．一般に，収穫量の多い穀物はまずいものです．最初から人の食用に向かない穀物もあります．現在の豚と鶏は，家畜の飼料を目的として生産される穀物が与えられ，人が食べている穀物と別物です．また，残飯や魚粕など，直接食べられないものもあります．これらの動物には人が食べないものが餌として与えられます．人が利用しない資源を，人が利用できる肉や卵という資源に変換しています．

　現在の家畜は，人が利用しない，もしくは，利用できない資源を，乳，肉，卵などの有用資源にかえる動物たちなのです．

― 去　勢 ―
卵巣（雌）もしくは睾丸（雄）を除去することで，繁殖能力を失わせる行為をいう．一般に性成熟前の雄に対し行われる．去勢されると，おとなしくなり，肉質がよくなる．また，乱交や雌を求めての順位争いがなくなる．群れを管理する目的と，特定の雄を繁殖用に残すために発明された古い技術である．日本では肉質の改善を目的として，豚と肥育用の牛，おとなしくなることを目的として馬に対して行われる．

家畜と呼ばれる動物たち

　世界各地で家畜として飼われている主な動物種を列挙しました．この中には肉食性の動物も存在しますが，犬と猫を除くと被服を得るために飼われている家畜です．また，蜜バチとカイコなどの昆虫もあげられています．これら少数を除けば，すべて草食性あるいは雑食性の哺乳類や鳥類に属する動物です．

風土が生み出した家畜

　このように，さまざまな種類の動物が家畜として飼われています．それぞれの地域に生息していた野生動物を飼いならし，家畜化した結果なのです．極端な例をあげれば，極寒の地域の人々は温暖な地域に生息する動物を知りません．しかし，トナカイなら知っていて，最初に家畜化を試みる対象となります．また，十分な能力を発揮することも容易に想像できます．それぞれの地域固有の風土が，種類の多さと多様性に通じているのです．

　世界で重要な家畜は牛，馬，豚，山羊，羊，鶏で，それぞれの飼養頭羽数はおよそ13億頭，6千万頭，9億頭，7億頭，10億頭，134億羽となっています．家畜単位で表すと牛の仲間が最も多く，全体の2/3を越えます．

　日本では家畜を狭義に解釈し，牛，馬，豚，山羊，羊，鶏，蜜バチを家畜と呼ぶことにしています．大半が明治維新以降に海外から導入されたものです．導

家畜化された動物たち	
動物の種類	
哺乳類	トナカイ，羊，山羊，牛，バリ牛，ラマ，アルパカ，ヒトコブラクダ，フタコブラクダ，ロバ，馬，河川水牛，沼沢水牛，ヤク，ウサギなど（草食性） 豚，クマネズミ，マウス，モルモット，サルなど（雑食性） イヌ，ネコ，ミンク，フェレット，キツネなど（肉食性）
鳥　類	鶏，ウズラ，ハト，ガチョウ，アヒル，バリケン，七面鳥，ホロホロチョウ，ウズラ，ダチョウなど（雑食性）
その他	蜜バチ，カイコ，鯉（コイ），鮒（フナ）など

入された動物のうち，幸い日本の風土に合った家畜が飼われているわけです．古くから日本に存在している牛や馬なども，改良を目的として外国種と交配されました．日本で食糧生産者として大切な家畜は牛，豚，鶏で，それぞれの飼養頭羽数はおよそ470万頭，980万頭，3億羽となっています．

さまざまな用途

　動物資源を利用する仕方により分類することもできます．それは，食用（肉用，乳用，卵用，その他（蜜バチ）），被服用（毛用，革用，毛皮用，その他（カイコ）），役用（運搬用，農耕用，乗用，監視用），工業原料用，愛玩用，観賞用，工芸用，実験用などです．さらに，家畜の排泄物を肥料や燃料として利用することもできます．このように，動物には多種多様な用途があります．

　なかには，用途別の区分が明確でないものが多いのも事実です．同一種に属する牛を例にとっても，食用にも被服用にも役用にも用いられます．乳用の牛は乳を生産する役目を終えれば肉用にされ，役用の牛は役目を終えれば肉用になります．また，近年まで日本では牛の排泄物（糞尿）は堆肥として用いられ，重要な肥料の生産者としての役割も持っていました．最近では，ゼラチンやコラーゲンは写真フィルム，医薬品や化粧品などの製造に用いられる工業原料となっています．また，牛血清は動物細胞の培養に欠かせない試薬となっています．大切なことは，これらすべての家畜がさまざまな姿でわれわれの暮らしを豊かにしていることです．

―　家畜単位　―
家畜では種により体重差が大きい．単に頭羽数で比較するには無理がある．そこで，牛や馬1頭に換算して数える考え方が生まれた．豚は5頭，羊と山羊は10頭，鶏は100羽が1家畜単位であり，牛や馬1頭と同等と数えられる．

人が作った動物たち

　最初に飼った動物は野生動物で，今，目にする家畜の姿や能力と大きく異なります．日本では縄文時代の遺跡から犬と豚の土製品が出土します．しかし，豚の土製品を子細に観察すると，数多くイノシシの特徴を持っていることがわかります．現在の家畜は，長い間の人の努力により変化させられた姿なのです．今飼われている動物たちは，人が作った動物なのです．なぜそのようなことが可能なのでしょう．

望ましい個体の発見

　家畜となった動物の特徴は，"群れ"で飼うことができることです．同じ場所で多数の動物を管理するようになると，望ましい個体と望ましくない個体を容易に判別できます．望ましい個体を選び出して交配に用い，その子孫を残すことは当然な行為でしょう．また，望ましくない性質を弱くすることも当然な行為でしょう．牛乳をたくさん生産する牛は望ましい性質ですが，一方，気性の激しい牛は望ましい性質とはいえません．牛乳をたくさん生産し，おとなしい牛が望ましいに違いありません．

　このように，人の下で繁殖が管理されるようになると，動物は選別されるのです．何世代にわたって望ましい性質を持つ個体同士を交配させれば，最終的に望ましい性質を持った集団にすることができます．また，望ましくない性質を有する個体を繁殖から排除すれば，集団から望ましくない性質を排除することができます．このような選別の過程で，人は動物たちを自分に望ましい方向へと変化させたのです．その結果，今の動物たちは驚くほど優れた能力を獲得したのです．

体型と能力の変化

　一般に，能力と体型とは密接に関係します．貧弱な体型をした個体から多く

の肉を得ることは無理であり，小さい乳房から多くの乳を得ることも難しいのです．高い能力へと選抜を繰り返せば，付随して体型にも変化が生じます．

　豚はイノシシから肉を生産する目的で改良された動物です．肉を効率的に生産する体型へと変化させられました．家畜化された豚は，敵と戦う必要もなく，自分で餌を探す必要もありません．多少生活力が低下しても，人が保護，管理する場所で生活するのであれば全く問題になりません．自然の状態で太ったイノシシであれば高い運動性が期待できず，真っ先に狩りの対象となるでしょう．白色のイノシシも同様です．人の保護がなければ生きられない，これが今の動物たちの特徴なのです．また，変化した部位を詳細にみると，必ずしも意識して行ったわけではないのに結果として変化した場合もあります．脳が軽くなる，大脳表面のしわが少なくなるなどです．これらは現在の家畜が闘争本能を必要としなくなった結果と考えられています．また，消化管は長くなります．これは優れた消化能力を持つ個体が選ばれたからです．

家畜化された代表的な豚と野生のイノシシの比較

	豚	イノシシ
毛　色	白，赤，褐，灰，黒色	濃淡はあっても褐色
頭　骨	下顎骨の短縮	強力な顎，鋭い牙
発育（90 kg）	6 カ月	1 年
腸の長さ	26 m	17 m
性成熟	早　い	遅　い
繁殖能力	周年繁殖	季節繁殖
産子数	10 頭以上	5 頭
体　型	産肉型（後軀が発達）	運動型（前軀が発達）
性　質	おとなしく従順	荒い気性
行動範囲	狭　い	広　い

世界で飼われている動物たち

　世界で重要な家畜は牛，馬，豚，山羊，羊，鶏です．ここでは，世界で飼育されている主な家畜をみてみましょう．

　馬は中国，ブラジル，メキシコ，アメリカ，アルゼンチンの上位5カ国で全体の52%を占めています．山羊は中国，インド，パキスタン，バングラデシュ，イランの上位5カ国で57%を占めています．これらの国以外で馬と山羊を飼っている国々は特定の地域に偏っています．

　図には牛，豚，羊，鶏について大陸別の飼養頭数を示しました．地域の特徴を示すため，併せて大陸別の人口も示しました．

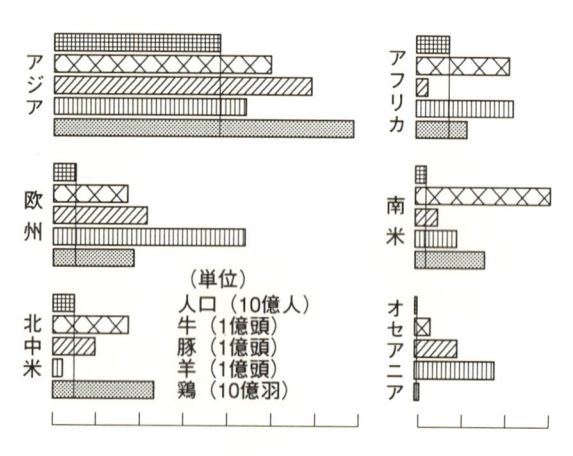

(単位)
人口　(10億人)
牛　　(1億頭)
豚　　(1億頭)
羊　　(1億頭)
鶏　　(10億羽)

世界各地域の主要な家畜と頭数（FAO，1998）

オセアニアの羊と南米の牛

　オセアニアでは1人当たり5.9頭の羊が飼われており，南米では0.9頭の牛が飼われています．羊も牛も草食性の家畜です．これは，ともにオセアニアと南米は草資源が豊富であることを意味します．

　羊は群れで生活する程度が高い動物で，単位面積当たりの草量が多くないと

放牧できません。それでも、採草地を常に移動する必要があります。移動しないと、羊は再生不能なまでに食べ尽くすからです。オセアニアの放牧地には豊かな草資源があることを示しています。また、遊牧民が生活する場所は半乾燥地帯で再生力に乏しいのですが、常に別の地域に移動させることで上記した問題を解決しています。一方、放牧された牛は群れにならず、広く散在して分布します。草のある場所に単独あるいは少数で分散します。また、草を求めて広い面積を移動します。したがって牛の放牧は、単位面積当たりの草資源が乏しくても広い放牧地があれば可能になります。南米は羊より牛の放牧に適した場所なのです。放牧で牛が飼われている地帯は、年間降水量が少ない半乾燥地帯に属します。同じ草資源が豊富といっても、中身はかなり違うのです。

アジアとヨーロッパの家畜

　家畜の種類が比較的似通っているアジアとヨーロッパとで比較してみても、極端な違いが認められます。人口当たりに換算してみると、ヨーロッパでは約2倍多い家畜が飼われています。ヨーロッパ各国は、たくさんの畜産物を消費しているのですが、あまり作物の栽培に適した風土でないことが推察できます。しかし、単に頭数で比較すると間違える可能性があります。ヨーロッパで飼われている家畜は格段に優れた生産性を発揮し、効率よく畜産物を生産します。これを勘案すれば、この地域の人々の畜産物の消費量は予想以上に多いことが想像できます。しかし、この図から読み取ることができません。

適地適家畜

　特定の地域で特定の家畜が飼われていることは、その家畜が食べる飼料が豊富であることを意味します。世界をみれば、家畜であっても適地適家畜の原則が守られています。しかし、日本だけに注目すれば、この原則が当てはまりません。海外からの飼料の輸入を前提にして成立しているからです。先進国では、適地でなくても飼育が可能なのです。

暮らしを支える動物たち

「畜産物消費の多い少ないは，生活水準を示すバロメーターである」といわれています．今でも所得の増加と畜産物の消費拡大は連動して変化します．実質的な所得が増えているか否かは，畜産物の消費量の推移，また，その内容の変化から判断することができます．畜産物の中でも肉類，特に牛肉の消費の増加が特徴です．

戦後の食生活の変化

これの正しさは日本でも証明されました．1956年の経済白書が"もはや戦後ではない"と述べ，ようやく戦後の混乱期を脱しました．次に1960年頃を境として急速な経済発展が始まります．それに伴って食事の内容も大きく変化しました．その変化を図でみてみましょう．

1960年には摂取カロリーの69％をデンプン類から得ていました．なかでも主食である米から得るカロリーは全体の半分を占め，1人当たり1年間で約110 kgを食べていました．この時期，畜産物から得るカロリーは4％に過ぎません．ところが，現在ではデンプン質から得るカロリーは45％に減少し，米から得るカロリーは25％となり消費量は70 kg程度に減少しました．しかし，畜産物から得るカロリーは16％と，およそ4倍に増加しました．そして，油脂の消費量も3.6倍に増加しています．このように，経済の発展とともに食事の内容が大きく変化したことがわかります．

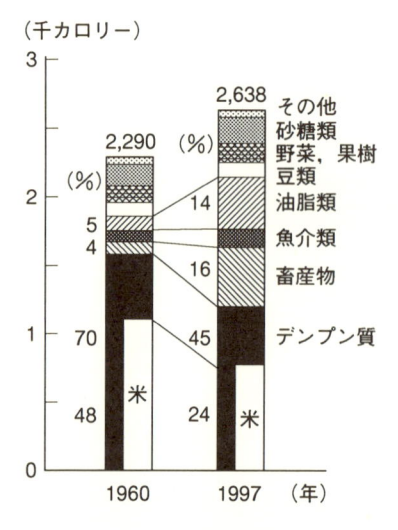

1人1日当たり供給熱量

およそ45年の間で肉類の消費は9kgから30kgへと増加し，世界でみられたと同じ出来事が起こりました．牛乳も37kgから93kgへ，卵においても11kgから18kgへ増加しました．これらの中でも，牛肉の消費量の増加が最も著しい増加です．このような食事の変化に対応するために，畜産物を生産する体制も大きく変化しました．

戦後の牛頭数の変遷

1965年を前後して，豚の品種は中ヨークシャーからランドレース，また，鶏肉を専門に生産するブロイラーが出現するなど，豚や鶏でも大きな変化が起こりました．ここでは，乳用牛と役用肉用牛の飼養頭数の変遷からみてみましょう．

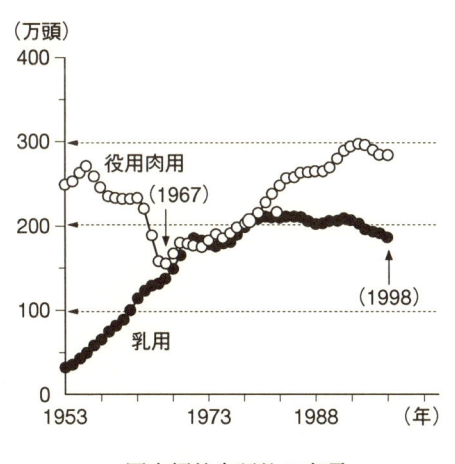

国内飼養牛頭数の変遷

1953年には乳用牛30万頭，役用牛220万頭の牛が飼われていました．ところが，乳用牛は1975年頃までほぼ直線的に増加し，190万頭となります．牛乳の消費を大幅に増加させました．一方，乳用牛以外の牛の頭数は1960年代後半から急激に減少します．この時期の特徴として，動力耕うん機（トラクター）の普及があげられます．それまでの間，大多数の牛は役用牛として飼われていた

ことが推測されます.実際に牛の役割を動力耕うん機が肩がわりしたのです.一度減少した牛の頭数も,牛肉の消費拡大に比例して1994年まで増加が続きます.役用としての役目を終え,牛肉を生産する牛へと大きく目的がかわったのです.

　牛肉の輸入は1991年4月に自由化されました.輸入牛肉に対する関税率は日本で決めることができますが,むやみに輸入数量の制限はできません.現在では1人当たり年間約8kgの牛肉を消費していますが,うち5kgが輸入牛肉が占めています.外国産の安い牛肉の出現は,牛肉の消費を増やした一方で,国内では肉牛生産者の販売価格を低下させ,肥育農家にも深刻な影響を与えています.乳用牛から産まれる雄子牛も肉用の目的で肥育されますが,雄子牛の販売価格も大幅に下落し,酪農家にも影響を与えています.図からも読み取れるように,近年の乳用牛と肉用牛の飼養頭数の減少となって現れているのです.

日欧米の食生活

　日本とアメリカ,フランス,ドイツを比較しましょう.食事の内容から農産物の生産構造も知ることができます.

日本と欧米諸国における1人1年当たりの消費量(kg)

	日本	アメリカ	フランス	ドイツ
穀類	146.1	115.0	111.5	94.0
イモ,デンプン	36.1	62.5	72.5	77.5
野菜	106.5	106.4	118.2	88.8
果実	58.7	150.4	87.4	122.0
油脂類	12.9	27.8	26.1	27.9
牛乳・乳製品	69.0	256.7	289.5	234.8
卵	19.9	13.4	14.8	12.4
肉類	39.7	117.8	98.9	85.8
魚介類	66.7	22.0	28.4	12.3

　穀類,イモやデンプン(炭水化物)は,食事の中心となるものの1つです.いずれの国においても約180kgと,ほぼ同じ消費水準にあることがわかります.野菜と果実の大部分は水分で,低カロリーが特徴です.ほぼ同質のものと考え

てよく，摂取量が多くてもカロリー的に重要な品目ではありません．油脂類は同じ重さであっても，炭水化物とタンパク質の2倍以上のカロリーを持ちます．日本の2倍の消費量は，油脂類から多くのカロリーを得ていることを示しています．

　動物性タンパク質は必須アミノ酸と必須脂肪酸を含み，動物性食品の摂取は栄養学的に大きな意味を持ちます．栄養学からみる限り，畜産物と魚介類との違いはあまり大きくありません．むしろ，食文化に及ぼす影響が強いといえます．美味しく食べるため，日本では魚介類に対する加工技術が発達し，また，欧米では畜産物の加工技術が発達しました．

　表をみてもわかるように，日本における魚介類の消費が際立って多いのが特徴です．ところが，魚介類に肉類を加えた消費量は各国ともほとんどかわりません．日本でも，欧米に匹敵する肉類を食べているといって差し支えありません．むしろ，牛乳や乳製品の摂取量の少なさが際立ちます．チーズは牛乳に含まれる栄養素の塊です．1996年のFAO食糧年鑑によれば，年間のチーズ生産量（千t）は，日本105，アメリカ3,607，フランス1,679，ドイツ1,420となっています．牛乳は一度に多くは飲めませんが，チーズに加工することにより調理の素材となって多量の消費を可能にし，また，長期保存を可能にしているのです．

　これらの数字を眺めてみると，食文化の違い，欧米では食糧生産の中で畜産が果たしている役割の大きさを知ることができます．この背景には，家畜を利用しないと食糧が生産できない事情があるのです．

さまざまな種類の牛

世界で野生している牛属の動物としてガウル，バンテン，コープレイ，ヤクがいます．しかし，これらは家畜化された牛の祖先ではありません．牛の祖先としてアジア原牛，エジプト原牛，ヨーロッパ原牛があげられます．これらが組み合わさってできたとする多元説がありましたが，ヨーロッパ原牛を祖先とする一元説が正しいと考えられています．

牛の祖先

ヨーロッパ原牛はオーロックスとも呼ばれ，ヨーロッパでは森林地帯に生息していました．中世になると森林の伐採が急速に進んで生息場所が狭められ，急速に頭数を減らしました．1627年，最後の1頭がポーランドで死亡しました．数多く残されているスケッチや骨格標本などから，大型で前軀(ぜんく)がよく発達し，長く鋭い角を有した有色の牛であったことがわかっています．しかし，オーロックスから改良したと考えるよりは，次の考えが正しいようです．

"オーロックスは各地に分散していきます．地域に適応できた個体が生き残り，地域ごとに特徴ある集団を形成しました．それらから今の品種が作られた"とする考えです．これが正しいとすれば，エジプト原牛やアジア原牛もその1つになります．また，世界には牛の品種として800以上あることも説明できます．

乳用牛が作られた地域

乳用牛の代表はホルスタインであり，最も多く飼われています．豊富な草を与えると乳を多く出します．オランダからドイツの冷涼な地帯に生息していた牛から作られた品種です．潜在的に耐寒性に優れていますが，暑さに弱いことを意味します．夏場の九州でみられるように，平均気温が25℃を越えると乳量が減少するのは，本来生息していた場所が作った本性だからです．

エアシャーは寒さに強く，乏しい草性でもたくましい生活力を発揮します．原

産地であるスコットランドのエアー州は，年間を通じて冷涼であり，起伏の多い丘陵地で，草性に乏しい地帯です．苛酷(かこく)な自然環境条件が本種の強健性を生み出したのです．

ジャージーは，同じイギリス原産でも暑さに抵抗性があります．原産地ジャージー島はメキシコ湾流に洗われ，温暖で雨量も多く，土地も肥沃で，年間を通じて放牧が可能です．ただし，土壌中の石灰分が不足するため華奢(きゃしゃ)な体型になったといわれています．多少神経質なのは土壌の影響かもしれません．

かなり暑い地帯で飼育されている乳用牛として，サヒワールがあげられます．パキスタンの南パンジャブ地方原産です．耐暑性，坑病性，耐粗飼性に富み，熱帯地方の乳牛として重要な品種となっています．

肉を生産する牛

肉用牛には，乳用牛以上にたくさんの品種があります．古くからその地域に生息する牛を肉用役用として飼っていたことに起因しています．日本原産として黒毛和種，褐毛和種，日本短角種，イギリス原産としてアバディーンアンガス，ショートホーン，ヘレフォード，ヨーロッパ大陸原産としてシャロレー，リムーザンなどが代表的な品種です．

黒毛和種は"霜降り肉"という高価な牛肉を生産すること，ヘレフォードは産肉性に優れていること，シャロレーは赤肉生産に適するなど本来の特徴に加え，飼育される地域により産肉性，耐暑性，坑病性，耐粗飼性などについても品種改良が行われました．

― 品　種 ―
生物分類学での最小基本単位は種である．同一の種に属するが他の群と識別できる明らかな遺伝的特徴を有する集団に対して用いられる．品種が異なっていても，交雑により正常な繁殖力を持つ子が生まれる．また，選抜と交配により新しい品種を作ることも可能である．

動物を改良する

　家畜は長く飼育される過程で，本来の姿，形と能力を大きく変化させてきました．この中には，人が意識して変化させたものと，付随して起こった変化とがあります．

改良される形質
　人が意識して変化させた形質として，産乳性，産肉性と肉質，産卵性，毛質，飼料の効率性，病気に抵抗性を持つ性質など，直接経済に結び付く形質があげられます．大型の家畜ほど，人にとって扱いにくくなります．おとなしい動物へと改良することも行われました．また，野生鶏は数個卵を産むと産卵を停止し，抱卵といって卵を暖め始めます．これは就巣本能によるものですが，現在飼われている産卵鶏は就巣本能を失っています．おとなしい性質，また，就巣本能などのような形質も改良の対象となりました．

家畜の改良を始めた人々
　19世紀にMendelは遺伝の三法則を発見します．しかし生前，彼の説は学会に受け入れられませんでした．進化学者Darwinの反対があったからといわれています．事実上の遺伝学の誕生は，1900年のメンデルの法則の再発見に始まります．家畜の改良は，驚くことに遺伝学の知識がない時代に始められました．
　18世紀，イギリスでBakewellが大きな役割を果たしました．最適環境下における個体の性能に基づいた注意深い選抜(個体選抜)，雄の遺伝的性能の評価(後代検定)，優れた能力を持つ個体同士を交配させ特定の個体の血液濃度を高める(近親交配)という三原則を提唱し，牛と羊の改良に適用したのです．この三原則は，現在の品種改良の理論に照らしても理にかなった方法で，今でも広く用いられています．改良に着手した時期は，産業革命により販売を目的として優れた肉牛が求められたことが背景としてあげられます．

さらに19世紀に入ると，Colling兄弟はBakewellの方法を用いてショートホーンの改良に取り組み，育種上記念すべき種雄牛コメット号を作出したことは有名です．その後も，BakewellやColling兄弟のような優れた識別眼を持った，いわゆる育種家と呼ばれる人々により動物の改良が進められました．

科学的に育種する

1930年を前後してHaldane, Wright, Fisherの3人の学者が，集団遺伝学あるいは統計遺伝学と呼ばれる新しい分野を開拓しました．1つの形質が少数の遺伝子で決定されている場合（質的形質）では，メンデルの法則で個々の遺伝子の役割を明らかにすることができます．しかし，多数の遺伝子が関与し，個々の遺伝子の果たす役割が小さい場合（量的形質）では，メンデルの法則で説明できません．家畜の多くの生産形質は量的形質に該当します．このような場合，遺伝子を群（polygene）として扱う必要が生じるのです．これに理論的根拠を与えたのが集団遺伝学や統計遺伝学で，家畜の改良に適した遺伝学の理論です．Lushが家畜の品種改良に適用し，1937年，最初の教科書となった『Animal Breeding Plans』を著しました．

これらの理論を適用して家畜の改良を進めるためには，十分大きな動物集団が必要で，膨大なデータ処理を伴います．したがって，真に威力を発揮するためにはコンピュータの出現を待たなければなりませんでした．

― 形 質 ―
動植物が，その生涯を通じて表現する形態的または生理的特徴をいう．特徴が個体間で明確に区別できる形質（角の有無，毛色，鶏冠の形など）は質的形質と呼ばれ，数や量で表される形質（体重，産卵数，乳量など）は量的形質と呼ばれる．

多様な個体を生み出す遺伝

有性生殖では,減数分裂による配偶子(精子と卵子)の形成,雄と雌からの配偶子の融合(受精)に特徴があります.遺伝学では有性生殖の持つ重要性を以下のように教えています.

染　色　体

染色体の基本単位はnと表現されます.人の体細胞(2n)では核の中に46本の染色体があり,雄は(44+XY),雌は(44+XX)となっています.大きさ,形が同じ2本,つまり22組の常染色体(44本)とXYあるいはXXという性染色体(2本)から構成されているわけです.ところが,精子に存在する染色体は(22+X),もしくは(22+Y)であり,卵子に存在する染色体はすべて(22+X)となっています.これがnに相当し,人ではn=23となります.精子(n)と卵子(n)が融合すると受精卵(2n)となり,新しい生命がスタートします.約4万種類あるといわれている構造遺伝子は,23本の染色体上に存在します.

減 数 分 裂

減数分裂は,配偶子の形成時だけにみられる特殊な細胞分裂様式で,1回のDNAの複製(──)に引き続いて2回の細胞分裂(……)が連続し,(2n→4n→2n)→nとなります.なお,かっこ内が通常の細胞分裂(体細胞分裂)です.最も単純な構成として2組の染色体を持つ細胞(n=2)を仮定しましょう.黒で塗りつぶしたもは雄由来,それ以外は雌由来とします.図からわかるように,減数分裂によって新しい遺伝子の組合せを持つ4種類の配偶子が作られます.

一般的に現せば,2^n種類の配偶子の形成となります.雄は2^n種類の精子を,また,雌も2^n種類の卵子を作ることになります.1つの精子あるいは卵子は,2^n種類のうちの1つなのです.nが大きくなると新しい遺伝子の組合せを持つ配偶子の種類が増加し,遺伝的変異を拡大します.家畜化された動物のnは20以上

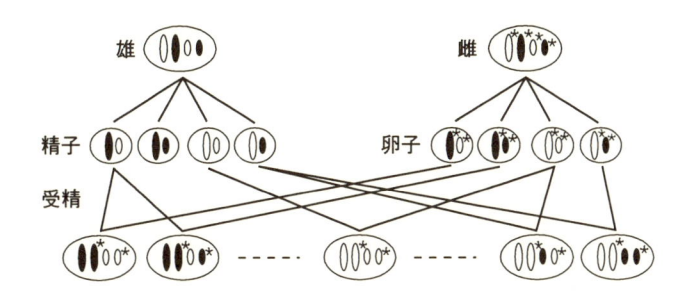

4種類の配偶子と16種類の受精卵

であるのが普通で，大きな意味があったのです．また，減数分裂だけでみられる現象として，欠損，重複，逆位，転座などの染色体の組換えが起こります．これらも遺伝の変異を拡げる機構の1つです．

受　　　精

有性生殖では精子と卵子が融合(受精)します．前述の例では，受精卵で$(4×4)=16$種類の組合せが可能です．1個体は16種類の組合せの中の1つです．これを遺伝学からみれば，新しい遺伝子の組合せとみることができます．一般式で表せば，$(2^n×2^n)=2^{2n}$種類の組合せとなります．受精によって，さらに遺伝変異を拡げます．

自然淘汰と品種改良

有性生殖は，遺伝的に多様な個体を生み出す機構なのです．親子の間でも兄弟の間でも，あまり似ないのはこのためです．遺伝的に多様であれば，適する個体を選抜することが可能です．自然が選べば"自然淘汰"と呼ばれ，人が選べば"品種改良"となるのです．最初に自然淘汰によって地域固有の集団が作られ，それを改良して現在の品種が作られました．この原理が存在するため，ヨーロッパ原牛から800種もの牛の品種が作出できるのです．もし遺伝的に均一であれば，自然淘汰も起こらず，新しい品種もできません．

量的形質の遺伝

形質は，遺伝子で決定される部分と環境に影響される部分があります．量的形質では，環境の影響が大から小までさまざまです．また，多くの遺伝子が関与するため，個々の遺伝子の役割を知ることができないのも大きな特徴です．関与する遺伝子群を polygene として捉えるのはこの理由によります．

表現型と遺伝子型

表現型（P）は直接知ることができるもので，乳量，肉量，卵の数や卵重などが相当します．扱われる対象が数値で表されることが多いため，表現型値ともいわれます．表現型は遺伝子が関与する部分と環境が関与する部分とで決まります．それぞれ，遺伝子型（G）と環境効果（E）と呼ばれます．これを式で表せば，$P=G+E$ となります．もっとも，Pと異なり，GとEを直接知ることはできません．これを，具体的に乳牛を例にとると理解が容易です．遺伝的な性質は受精の段階で決まり一生変化しません．同一個体においてGは不変なのです．ところが，良質な飼料を与えれば乳量が増加し，劣悪な飼料を与えれば乳量は減少します．飼料の善し悪しは環境（E）に含まれる成分ですが，直接乳量（P）に影響することがわかります．

$P=G+E$ が成り立つのは質的形質においても同様です．同じ遺伝子型を持つ個体でも，子細に観察すれば，わずかであっても表現型に違いがみられます．動物であれば飼養環境の違いが考えられるでしょうし，植物であれば日照条件の違いや土壌の影響が考えられます．環境による影響は量的形質ほど顕著ではありませんが，やはり質的形質においても同じ関係が成立しているのです．

集団の平均

以上の話は個体レベルを中心に述べましたが，集団（群）でみても同一の関係が成立します．十分大きな集団であれば，集団の平均（$\bar{P}$）から遺伝子型（値）

を知ることができるのです．Eの性質上，符号はプラスにもマイナスにもなります．また，大きさもまちまちです．そこで，大きな集団を仮定すると，Eは互いに相殺されてゼロになるか，ある固有の平均となることが期待されます．つまり，前者では$\bar{P}=\bar{G}$となってしまうのです．後者の場合であっても，$\bar{P}$は限りなく$\bar{G}$に近づきます．

年度ごとの平均値の推移や，国別の家畜の平均値が利用できる場合があります．平均乳量などが該当します．単なる平均値と思われるかもしれませんが，遺伝学からみると集団の平均は，およその遺伝的な品種改良の進み具合を示す大切な数値なのです．また，統計学の教科書をみると，平均値と標準偏差は組になっています．標準偏差からも多くの情報が得られるのですが，ここでは述べません．

遺伝率が持つ意味

Pは直接知ることができることから，Gを正確に推定できれば必然的にEも明らかになります．Eを正確に推定しても同じことが可能ですが，関与する要素が多すぎて一般に不可能です．Gは受精の段階で決まり，品種改良に大切な指標です．実際，正確なGを推定するため多くの労力が割かれています．遺伝率（h^2, $0 \leq h^2 \leq 1$）の定義，求め方は次節で述べますが，Pに対するGの関与の大きさを示す数値なのです（☞「遺伝率を推定する」）．

一般に，Gが大きいほど遺伝的改良が容易です．質的形質の遺伝率は高いのが普通で，すでに品種改良は遺伝学的に容易に行えることを知っています．量的形質においても同様です．もし，Gが十分に小さければ能力は環境に大きく左右されていることを意味し，遺伝的改良を行うより，環境をよくする方法が採用されます．この意味から，Gを正確に知ることは最も大切なことです．遺伝率の大小から，具体的な遺伝的改良の方法を決めたり，遺伝的に改良できる程度を推定したり，また，的確な家畜の飼い方まで知ることができるのです．

遺伝率を推定する

遺伝学と統計学

　表現型（P）は遺伝子型（G）と環境（E）の和として表されます．遺伝率は，遺伝子型と表現型がどれだけ正確に対応しているかの指標で，①表現型分散のうち遺伝子型分散の占める割合，②遺伝子型値の表現型値への回帰，もしくは，③親の効果が次世代に伝えられる比率と定義されています．具体的な遺伝率の推定には親の成績（乳量や産卵数など）や次世代の成績を用い，主として①では兄弟間の似通いの程度から分散分析により，②では親子間の似通いの程度から回帰分析により，③では親の平均値と次世代の平均値の比率から求めることができます．

　平均値，分散分析，回帰分析などが遺伝率の算出に用いられますが，本来は統計学で用いられる分析方法です．このため，統計遺伝学と呼ばれるのです．

血縁関係があるとき

　子の半分の遺伝子は雄親から，残り半分は雌親に由来します．片親と子の間で50％の遺伝子が共通するのです．両親の平均と子の間では100％同じ遺伝子と考えることができます．また，同一の両親から生まれた兄弟（全兄弟）であれば兄弟間で50％の遺伝子を共有し，片親のみ共通する兄弟（半兄弟）であれば兄弟間で25％の遺伝子が共通するのです．

　豚では10頭程度の兄弟姉妹が生まれます．全兄弟の代表的な例です．兄弟間で50％似ることが期待されるのですが，実際の似通いの程度と比べられます．牛では，1頭の種雄牛を共通の父として，母親が異なる多くの子牛が生まれます．まさに，半兄弟の代表的な例です．前述したように，予測される共通する遺伝子の割合と表現型の似通いの程度から遺伝率が求められます．似通いの程度が高いほど遺伝率は高くなります．

血縁関係がないとき

個体間で血縁関係は存在しないが，たくさんの個体の成績を利用できる場合にも遺伝率を推定することができます．この場合，ある基準以上の成績をあげた個体を選抜（切断型選抜）し交配させ，両親の成績と次世代の成績を比較することにより推定します．$h^2 =$（次世代の平均）/（親世代の平均）となります．遺伝による影響が強ければ，次世代の成績も高いことが期待されるからです．

狭義の遺伝率

遺伝率を求めるとき，もう1つ考慮することがあります．確実に遺伝的な改良を行うためには，優れた遺伝子を多く有する個体を選んで行う必要があります．その数が多ければ優れていることから，相加的効果(A)といわれています．

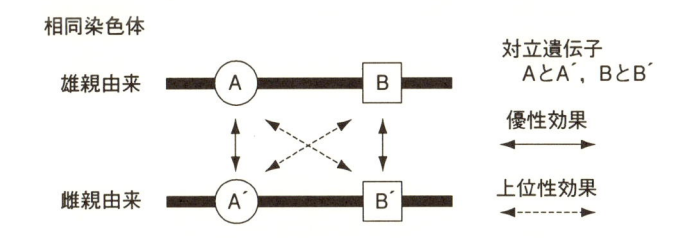

対立遺伝子間および異なる遺伝子間での相互作用

相加的効果は次世代で期待できます．ところが，別に遺伝子の効果として，対立遺伝子間での相互作用（優性効果，D），遺伝子座間での相互作用（上位性効果，I）があります．優性効果と上位性効果は，次世代では必ずしも期待できません．Vを分散とすると，遺伝分散 (V(G)) は，$V(G) = V(A) + V(D) + V(I)$ と細分化することができます．V(A)，V(D)，V(I)は，それぞれ相加的遺伝分散，優性分散，上位性分散と呼ばれます．また，V(P)を表現型分散とすれば，親から子へ確実に伝えられるのは遺伝子の相加的効果であることから，V(A)/V(P)は狭義の遺伝率と呼ばれ，V(G)/V(P)は広義の遺伝率と呼ばれます．育種学上で大切なものは狭義の遺伝率です．

動物を選抜する

3種類の選抜方法

　優れた遺伝的特質は，表現型として現れます．特に遺伝率が高い形質では，成績の優れた個体は遺伝的にも優れています．しかし，遺伝率が低い形質では，表現型が優れていても必ずしも遺伝的に優れていることを意味しません．われわれが知ることのできるものは，泌乳，産肉，産卵などの成績だけです．これらの表現型を基準として選抜されます．

　優れた遺伝子を，①個体として持っているか，②家系として持っているか，③血統として持っているか，選抜方法を選ぶときの重要な判断基準となります．一般に，①は遺伝率が高い形質でみられ，個体選抜が行われます．過去の成績に関係なく一定以上の成績を示した個体を選抜するため，集団選抜ともいわれます．②は遺伝率が低い形質でみられ，家系間の成績が比較されて，平均成績の高い家系が選抜されます．③は血統選抜といわれる方法です．過去に一度優れた成績を示した個体を祖先に持つ子孫が選抜されます．

　個体選抜と家系選抜が基本的な方法ですが，組み合わせても用いられます．遺伝率は分析を行った集団に対するもので，集団が異なると違った遺伝率になります．さらに，一般に改良が進むと"高"から"低"へと変化します．それに伴って，選抜の方法もかえなければなりません．1例をあげれば，多くの兄弟が得られる鶏などでは，最初に家系選抜により優れた家系が選ばれ，次に同一家系の中でも優れた個体が選ばれる場合がこれに相当します．逆に，最初に個体選抜が行われ，これから多くの家系を作り，あとで家系選抜に切りかえる場合もあります．

後代検定による選抜

　後代検定（家系選抜の1種）とは，子の成績から親の遺伝的能力を評価する方法です．泌乳能力や産卵能力などは雌にのみ現れる形質で，雄では表現型と

して現れません．しかし，遺伝子の半分は父親に由来し，子の成績から父親の遺伝能力を推定できます．特に乳牛で遺伝的に優れた雄を選抜する大切な評価法となっています．雄と雌の両者で現れる形質（産肉形質など）でも後代検定が可能で，より正確な遺伝的評価が可能となります．

　牛で後代検定が必要になった背景として，精液の永久保存が可能となったことと，人工授精の普及があげられます（☞「動物を増やす」）．現在では，1頭の種雄牛から得られた精液を用いて，数万頭の子牛を生産しています．それだけに，種雄牛の影響が大きくなっているのです．具体的に乳牛における種雄牛の後代検定を用いた選抜方法を示します．

　最初に優れた遺伝的能力を持つと期待できる雄子牛が選ばれます．候補種雄牛と呼ばれ，頭数は毎年約190頭です．成長中では成長速度や体型など，さまざまな形質が評価され，さらに選抜されます．1頭当たり400頭から500頭の雌と交配させ，約200頭の雌子牛を得ます．これら次世代が示す泌乳成績から，雄牛の遺伝的能力が評価されます．最終的に選ばれる種雄牛は50頭以下になります．普通，検定の開始から終了まで6年程度の期間を必要としますが，採取された精液は凍結保存されているため，検定終了時に必ずしも生存している必要はありません．

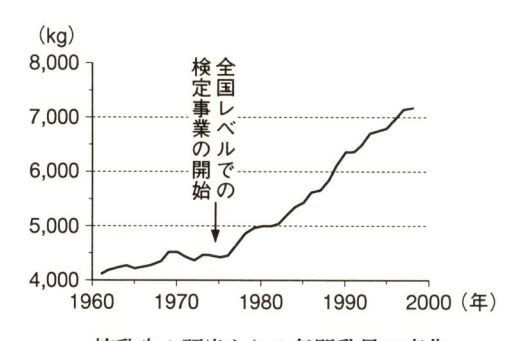

搾乳牛1頭当たりの年間乳量の変化
後代検定によって選ばれた雄牛が交配に用いられてからの平均乳量の増加に注目．

動物を交配する

無作為交配と作為交配

雄と雌は，次世代を得るために交配されます．大別すると，無作為交配と作為交配の2種類に分けられます．

個体数が多ければ人の意志を加えないで自然の交配に任せる，あるいは，乱数表などを用いて交配の相手を選ぶ場合は無作為交配と呼ばれます．集団の遺伝子構成や遺伝子頻度を変化させたくない場合（基礎集団の維持）に採用されます．一般に，改良のためには用いられません．

改良を目的とする場合では，特定の雄と特定の雌とを交配させる作為交配が行われ，①遺伝的に相似した個体同士を交配させる，②表現的に相似した個体同士を交配させる方法があります．同様に非相似の個体同士の交配もあることも意味します．

遺伝的相似交配と近交係数

同じ祖先を共有する個体同士，つまり血縁関係にある個体同士の交配を意味し，一般には近親交配（内交配）と呼ばれています．注意すべきことは，交配させる雄と雌との遺伝子型が似ているという意味ではありません．この交配では，遺伝子がホモになる確率が高くなります．強い近親交配を行えば，速やかに優れた形質を遺伝的に固定できることを意味しますが，同時に望ましくない遺伝子も固定されます．近交係数が高くなるに従って能力が低下する現象は近交退化と呼ばれ，相同遺伝子がホモになることが原因です．しかし，特定の遺伝的な特徴を有する集団（系統，家系）を作出するために必須な交配方法です．次に述べる遺伝的非相似交配を行ううえでも，必須な交配様式です．

血縁関係にあるとは，共通した祖先を持つことです．近交係数とは1対の対立遺伝子が共通祖先から由来する確率を示し，f $(0 \leq f \leq 1)$ で表します．最も単純な交配関係を経路図で示すと図のようになります．この例では，個体Xの

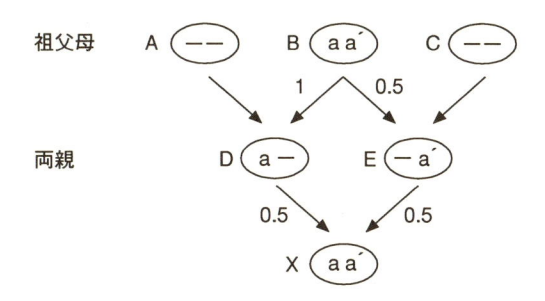

```
祖父母    A ⦅― ―⦆   B ⦅a a′⦆   C ⦅― ―⦆
                    1    0.5
両親            D ⦅a ―⦆   E ⦅― a′⦆
                    0.5    0.5
                        X ⦅a a′⦆
```

経路図と近交係数
個体Xの対立遺伝子が共通祖先Bに由来する確率は，$f=0.5\times0.5\times0.5=0.125$

両親はDとEであり，また，共通祖先はBとなります．祖先Bが持つ1対の対立遺伝子の一方が次世代（DとE）に伝えられ，個体Xで再び祖先Bと同じ組合せになる確率は$f=0.125$です．ここで，対立遺伝子をaとa′とします．もし，aがDに伝えられたとすれば，a′がEに伝えられる確率は0.5です．Dからaが個体Xに伝えられる確率は0.5，Eからa′が個体Xに伝えられる確率は0.5となり，個体Xで共通祖先Bと同じ遺伝子を持つ確率は$0.5\times0.5\times0.5=0.125$となるからです．共通祖先が複数存在する場合でも，すべて可能な経路図を作り，同様にして計算できます．今，1対の対立遺伝子で説明しましたが，約4万種類ある遺伝子のすべてについて同様に語れるのです．一般に，世代が離れるほど共通祖先の影響は少なくなり，6世代以上前に共通祖先が存在しても事実上考慮する必要がありません．また，近交系マウスやラットが実験に用いられていますが，20代以上兄妹交配が行われたもので理論上$f=1$と，すべての対立遺伝子がホモになっています．

遺伝的非相似交配と実用鶏

血縁関係にない個体同士の交配であり，一般には遠縁交配（外交配），もしくは交雑と呼ばれ，ちょうど遺伝的相似交配と逆の関係になります．一般に行われているものとして，品種内系統間交雑や品種間系統間交雑などがあります．この交配では大部分の遺伝子はヘテロとなり，雑種強勢（ヘテローシス）が期待

できます．これは，近親交配でみられる近交退化と逆の現象です．交雑種は，均一で高い生産能力を発揮しますが，次世代で雑種強勢が期待できないため当代限りの使用となります．

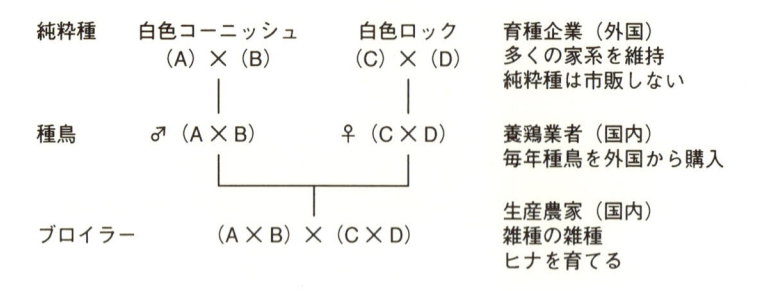

```
純粋種     白色コーニッシュ        白色ロック       育種企業（外国）
           (A) × (B)              (C) × (D)        多くの家系を維持
              |                      |             純粋種は市販しない
              |                      |
種鳥        ♂ (A×B)               ♀ (C×D)         養鶏業者（国内）
              |_____|             毎年種鳥を外国から購入
                         |
ブロイラー       (A×B) × (C×D)                     生産農家（国内）
                                                   雑種の雑種
                                                   ヒナを育てる
```

4元交配によるブロイラーの作出
国内で飼われている鶏は雑種で当代限りの使用．

食用の卵を生産する鶏（白色レグホーン）のすべてが，遺伝的非相似交配による品種内系統間雑種です．遺伝的相似交配により多くの系統（原種）が作出され，系統間での交雑による遺伝的非相似交配により実用種が作られています．また，ブロイラーとは，本来，肉取引（重量）の規格を意味しましたが，現在では肉生産専用の若鳥を意味します．産肉性に優れている白色コーニッシュを父鶏とし，産卵性に優れている白色ロックを母鶏として品種間交雑を行い，生産されたヒナが成長するとブロイラーになります．図は4元交配と呼ばれる生産方式です．ここでは，ブロイラー(A×B)×(C×D)が最大の能力を発揮できるよう，白色コーニッシュ（または白色ロック）は多くの家系の中から純粋種（A）と（B）の家系が選ばれ，種鳥が生産されています．多くの家系を作出すること，また，その維持は大きな企業が行っています．

産卵鶏とブロイラーの作出に集団遺伝学の理論が使われ，最も威力を発揮した例となっています．

表現的相似（非相似）交配

それぞれ表現型が似ているもの同士を，あるいは，似ていないもの同士を交

配させることです．表現的相似交配は，多くの個体からなる集団の中から表現型が似ているもの同士を交配させ，特徴をより際立たせたい場合などで行われます．その次世代を用いて同様な選抜と交配を繰り返すことから，弱いながら遺伝的相似交配の一種と考えることもできます．表現的非相似交配は，品種が持たない新しい形質を導入したい場合などで行われる交配方法です．

累進交配

大型家畜では世代間隔も長く，産子数も少ないのが普通で，未改良品種や能力が劣った集団であっても一挙に改良できないのが普通です．優れた種畜（多くの場合は雄）を導入することにより改良をはかるのが現実的で，何代にも渡って交配させ，徐々に能力を高める方法がとられます．熱帯地方で飼われている乳牛に，耐暑性を持つジャージーの雄と交配させて泌乳能力を高める例などが相当します．初期ではヘテローシス効果で大きな成果が期待できますが，徐々に効果が薄くなります．

近交退化と雑種強勢

親（片親あるいは両親）の平均と次世代の平均の差で定義され，等しい場合もありますが，低ければ退化，高ければ強勢です．

近交退化とは，近交を続けることにより親より次世代の成績が悪くなることです．生存率を含め，ほとんどの生産形質で低下することが知られています．雑種強勢とは，次世代の成績が親の成績を上回ることをいい，一般には，近交係数がゼロに近いほど遺伝子がヘテロとなり，強い雑種強勢が期待できます．実用鶏の作出では多くの系統が作られますが，交配に当たって雑種強勢が最大に現れる系統を選ぶ必要があるからです．

動物を増やす

　単に頭数を増やすことではなく，遺伝的に優れた個体を増やすことです．遺伝的に優れた雄と雌を選抜し，その交配により品種改良が行われます．
　精液を凍結する技術の確立と人工授精の普及は，牛の品種改良に大きく貢献しました．ここでは新しい技術についても紹介しますが，雌の面からの改良を進めるのに適した技術で，主として大家畜に適応されています．

凍結精液と人工授精

　牛で受精に必要な精子数は2,500万から5,000万です．牛の精液量は約6 mlで，1 ml当たり約50億の精子が含まれます．合計で約300億と，理論的には1回の射精で600頭から1,200頭を妊娠させることができるのです．
　人工腟法で採取された精液は，肉眼および顕微鏡検査に合格すれば必要な精子濃度まで希釈されます．希釈液として，卵黄クエン酸ソーダ液，もしくは，卵黄クエン酸ソーダ液糖液が広く用いられています．さらに，適当な抗生物質とグリセリン（凍傷防止剤）が加えられ，0.25 mlもしくは0.5 mlプラスチック製ストローに封入して凍結すれば，凍結精液が完成します．凍結および保存は液体窒素中（－196℃）で行われ，ほぼ半永久的に保存することができます．
　人工授精とは文字通り人の手で精を授けるの意味で，交尾によらないで妊娠させることです．牛の発情周期は約21日です．発情期は排卵が起こる時期であり，また，雄を許容する時期です．人工授精は発情期に合わせて，使用直前に融解させた精液が子宮内もしくは頸部に注入されます．ほとんどの牛は人工授精で妊娠します．

受精卵移植

　大家畜では，1頭の雌が一生で産む子供の数は多くありません．乳牛では経済的な理由もあり，多くても7頭ぐらいとなっています．うち半分が雌です．こ

のように，1頭の雌牛から多くの雌子牛を得ることは難しいのです．そこで考え出されたのが受精卵移植による増殖です．優れた雌から多くの子を得る方法として，確立した技術となっています．

遺伝的に優れた雌牛（ドナー）が用いられます．性腺刺激ホルモン投与により卵胞を発育させ，プロスタグランジンなどで発情を誘起させたうえで人工授精を行い，適当な方法で受精卵を体外に取り出します．1回の操作で多数の受精卵を得ることができます．あるいは，卵子を取出し体外で受精（体外受精）させることもできます．次に，発情周期を同一に調節した他の雌牛（レシピエント）に受精卵を移植し，子牛を誕生させます．遺伝子工学を利用すれば，受精卵の段階で雄，雌を判別することもできます．

ただし，問題もあります．前述したように，同じ両親から得られた受精卵であっても，兄弟間で必ずしも遺伝的に同一ではありません（☞「多様な個体を生み出す遺伝」）．

体細胞クローン

受精卵移植より効率的な方法として開発されたのが，体細胞クローン技術です．また，受精卵移植の持つ問題を解決できます．1頭の雌（体細胞供与者）から，遺伝的に全く同一の個体（クローン）を多数作出することができるからです．体細胞クローンの作出は以下ので順で行われます．

体細胞から核を取り出し，核を除いた受精卵（除核卵子）に入れます．複雑な操作を行ったあとで雌に移植して，クローン動物が作出されます．まだ成功率が低い，胎児が大きくなる傾向があって難産が多いなどの問題点が指摘されています．

従来では，耳から取った細胞は耳にしかなれないなど，受精卵が有するいずれにも分化する能力（全能性）を持たないと考えられていました．しかし，体細胞であっても，初期化させて全能性を付与する技術が開発され，羊の乳腺細胞から作出されたのが"ドリー"です．最初のクローン動物となりました．

雌　と　雄

　動物の特徴として，雄と雌の2種類の性が存在します．繁殖に関係する体の仕組みも異なり，雄と雌の役割が明確にわかれています．また，繁殖の仕組みを巧みに変化させて確実に子孫を残す機構も作りました．利点を生かすために，繁殖の仕組みを雄と雌とで分化させる必要があったのです（☞「多様な個体を生み出す遺伝」）．

子育ての進化

　下等脊椎動物の多くは産卵以降，子育てを行わず自然に任せます．マンボウは最も多く産卵する動物として有名ですが，産卵した数億個の卵のうち，成魚になるのは数匹に過ぎません．鳥類では数個の卵を産み，抱卵することにより孵化させ，しばらく親が面倒をみます．少し確実性が増しました．下等脊椎動物も鳥類も同じ卵ですが，前者は卵殻を持たないため壊れやすい卵で，後者は硬い卵殻に覆われた丈夫な卵です．さらに，哺乳類になると大きく方向をかえ，次世代を残すために胎盤を作り乳腺を発達させました．なお，乳腺は汗腺が進化したものです．その様子は以下に示した例からも知ることができます．

　最も原始的な哺乳類（原獣類）に属する動物として，カモノハシがあげられます．嘴や足に水かき持つこと，胎盤を作らないこと，また，卵を産み孵化させる点は鳥類とよく似ていますが，乳で子を育てます．有袋類（カンガルー，オポッサムなど）は発生の初期に胎内で育てますが，胎盤の発達が悪いため早期に出産し，未熟児を育児嚢内で乳により育てます．乳腺の構造はまだ進化した状態ではありません．さらに進んだ哺乳類は，進化した胎盤と乳房と呼ばれる乳腺を持つようになります．胎内で大きく育て，分娩の時点である程度完成した姿をしています．さらに自立するまで乳で育てます．これが子孫を残す最も確実な機構です．ただし，産まれる子の数を制限する必要がありました．

性 の 決 定

　染色体レベルでみると雄と雌の違いは，Y染色体の有無だけです．Y染色体を持てば雄になります．雄ではXY，雌ではXXとなります．外見から区別できませんが，配偶子が作られるときX染色体を持つ精子とY染色体を持つ精子の2種類が作られます．雌からはX染色体を持つ1種類の卵子が作られます．受精するとXY：XX＝1：1，つまり雄と雌が半々になります．また，人のターナー症候群（XO型）の表現型は女性型であり，クラインフェルター症候群（XXY型）では男性型を示します．前者はX染色体を持てば女性型になることを示し，後者はXX（雌に由来）を雄から来たY染色体が男性型にかえていると考えられます．

　この事実から，Y染色体には雄に誘導する遺伝子が存在すると予測できます．実際，Y染色体には雄に誘導する精巣決定遺伝子 *TDF* (testis determining factor) が存在し，その遺伝子発現単位として遺伝子 *SRY* (sex-determining region-Y) が同定されました．遺伝子 *SRY* は生殖巣で胎児期のわずかな時期だけに発現し，原始生殖腺を精巣へかえるのです．遺伝子 *SRY* が何らかの理由で発現できないか，または，存在しなければ原始生殖腺は卵巣となります．このことから本来の性は雌であったと考えられています．鳥類（雄ZZ，雌ZW）ではちょうどこの逆の関係にあり，本来の性は雄型となります．

　この例が示すように鳥類でも哺乳類でも基本の性はホモ型であり，ヘテロ型は発生の途中で分化したものといえます．ところが，困ったことにホモ型（XX）は2倍の遺伝子を持つことになります．しかし，体細胞では何れか一方のX染色体は不活化（Xクロマチン，染色体の異常凝縮）され発現できません．実質的に，雄でも雌でも1本のX染色体しか存在しないことになり，不都合が生じない機構となっています．

雄 の 特 質

　性からみると，雄の特徴は精子を作ることです．精巣は，春機発動期に達す

ると活動を始め，雄性ホルモン(アンドロゲン)を分泌するようになります．精子形成も始まります．やがて性成熟を迎え，生殖機能が最大限に活躍する状態になります．

精子の構造は単純で，1組の染色体（n）が入った頭部，必要なエネルギーを生産（ミトコンドリア）する中部，前進に必要な1本のべん毛（尾部）で構成されています．簡単にいえば，受精に必要な最低限の構造と機能を持つ特殊な細胞です．生殖からみる限り，雄の役割は雌を妊娠させることだけといってもよいでしょう．

精巣で作られた精子は精巣上体で蓄えられ，ここで運動能を獲得します．射精時に精子は，精巣上体から精管，尿道を通って排出されます．この間に精のう腺や前立腺などからの分泌物と混合され，精液に浮遊した状態になります．

雌の体内に送り込まれた精子は活発な前進運動を始めますが，まだ卵子と融合できません．一般に，数時間，子宮や卵管内に留まって，ようやく卵子と受精できる状態(受精能獲得)になります．外見から受精能を獲得した精子と，獲得していない精子を判別することはできませんが，何らかの変化が起こっていることは疑いありません．一方，卵子は排卵直後でも受精能を持っていて，新

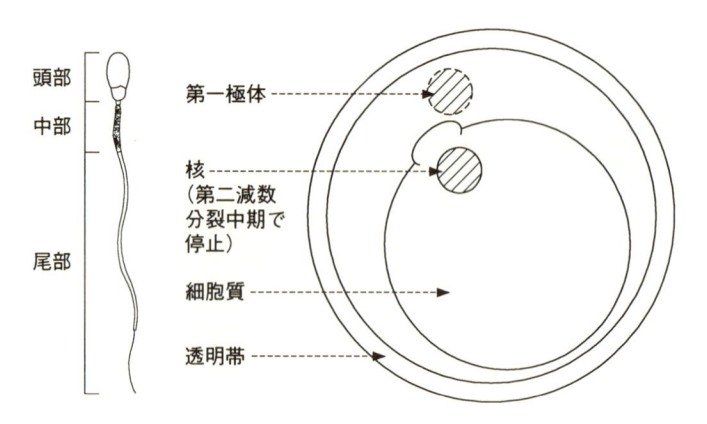

精子と排卵直後の卵子（模式図）

鮮なほど受精に適します。この時間差から，排卵が起こる数時間前に交尾することが望ましいのです。

雌の特質

雌の特徴は卵子を作ることで，妊娠，哺育を行うことです。妊娠，哺乳は雄でみられない生殖機能です。

卵子は比較的大きな細胞で，完成した排卵卵子は1組の染色体 (n) となります。春機発動期から生殖機能が始まる点も雄と同じです。また，性成熟に達する時期も雄と同じです。異なることは一定期間が過ぎると卵巣の活動が停止（更年期）することです。

精子が常に多数作られているとすれば，卵子は限られた数が特定の周期で作られる点が大きく異なります。雄では発情周期(性周期)はみられませんが，雌では明瞭な発情周期がみられます。さらに，雌には特別な役割があります。受精に引き続く妊娠，分娩後から始まる哺乳です。この点，雌の生殖様式は雄のそれより複雑で，より巧妙な仕組みが必要です。また，雌ではエストロゲンとプロゲステロンという2種類の性ホルモンが関係しますが，雄が1種類のアンドロゲンであることと比べても制御の仕組みが複雑であることがわかります。

発情周期の調節

排卵が特定の時期に調節されている最大の理由は，妊娠を伴うからです。卵巣で卵子が成長を始めてから排卵されるまでに数日を要します。人では約28日で1回1個の卵子を排卵します。排卵前に卵巣はエストロゲンを分泌し，雄を求める行動（発情）を誘起します。排卵後，黄体期という期間が続き妊娠の準備を始めます。黄体からプロゲステロンが分泌されます。妊娠が成立しなければ黄体と子宮は退行を始め，次の排卵への準備を始めます。この一連の変化を発情周期といいます。人は発情前期（卵胞発育）→発情期（排卵）→黄体期→黄体退行期（月経）という完全周期を示します。発情周期を制御する基本的な仕組みは同じなのですが，さまざまなパターンがあります。ここにも，動物の

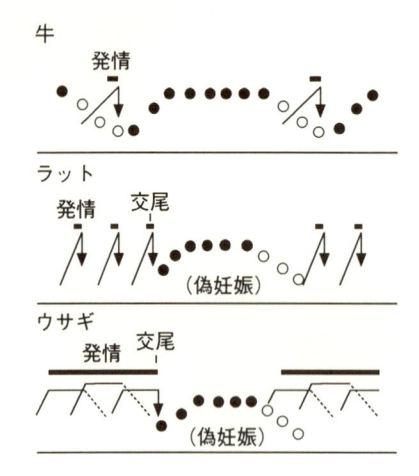

牛，ラット，ウサギの発情周期の模式図
──：卵胞発育，↓：排卵，●：黄体，○：黄体退行，┄┄：卵胞退行．

繁殖戦略が隠されています．

　ラットの発情周期は4日ないしは5日です．この間で1回排卵します．黄体期を省くことにより，交尾できる機会を増やしたと考えることができます．人では28日のうちで1日しか受精の機会がないのと比較すれば大きな違いです．妊娠を伴わない交尾（偽妊娠）では約10日間黄体が維持され完全周期となることから，黄体期を省いていることは明らかです．ウサギは排卵周期さえもなくしました．卵巣では常時，発育卵胞，成熟卵胞，退行卵胞が存在し，交尾刺激を受けると成熟卵胞が排卵されます．ウサギは排卵周期をなくすことにより，雄と出会ったときにいつでも交尾し，妊娠できることを意味します．また，動物の中には，1年のうちで特定の時期（季節）だけ繁殖活動（季節繁殖）を行う動物がいます．温帯以北の野生動物で顕著です．一般に，日照時間の変化を感知して性行動が始まります．家畜でも季節繁殖を行う動物がいます．馬（妊娠期間336〜345日）は日照時間が長くなると繁殖期に入り，羊（同147日）と山羊（同151日）は日照時間が短くなると繁殖季節に入ります．季節繁殖では特定の時期に出産が集中することになりますが，子の成育に適した時期とほぼ一致します．各動物の妊娠期間からわかるように，草が豊富となる春先に出産します．草が豊富であれば，乳の生産に適し，子も豊富な草を食べることができます．餌

が少なくなる冬場を迎えるまでに十分成長できるのです．

妊娠の維持

　子は雌の胎内で発育します．母から必要な栄養素や酸素などを得るために胎盤を発達させました．また，不要物を排出する機能も持っています．

　妊娠の維持には黄体から分泌されるプロゲステロンが必須です．胎盤から分泌する種もあります．プロゲステロンは，子宮だけでなく，妊娠が継続できるように全身の機能を変化させます．下垂体から分泌される性腺刺激ホルモンが黄体を刺激し，プロゲステロンの分泌を盛んにします．人では胎盤からも同様な作用を持つホルモンが分泌されます．発情周期中と異なり，妊娠末期までプロゲステロンは高い濃度で維持されます．

　妊娠末期にプロゲステロン濃度が低くなり，一方，エストロゲンと副腎皮質ホルモンなどは高くなります．これらのホルモン変化が妊娠の終わりのシグナルと考えられています．オキシトシンも間欠的に分泌され，子宮を収縮（陣痛）させます．妊娠終了を指示すると同じホルモン変化を感知して，乳腺は乳の生産を始めます．分娩と泌乳の開始が連動する機構です．出産した動物だけが乳を出すことができるのです．泌乳の仕組みは「乳は子の食べもの」で述べられています．

乳は子の食べもの

　哺乳により子育てをする動物は哺乳類（mammal）に分類されています．語源は mamma（ラテン語）で乳房を意味します．出生後から一定期間，乳だけで育つことを知れば，必要なすべての栄養素が含まれていることが理解できるはずです．

栄養学からみた乳

　体が正常に機能するためには，炭水化物，タンパク質，脂肪，ビタミン，ミネラルなどが必須です．栄養素には含まれませんが水分も重要な成分です．乳がこれらすべての栄養素を含む必要があります．しかし，ビタミンの中には水に溶ける性質（水溶性）を持つものと，脂肪に溶ける性質（脂溶性）を持つものとがあります．実は乳はすべての条件を満足しています．図には牛乳の成分を示しました．

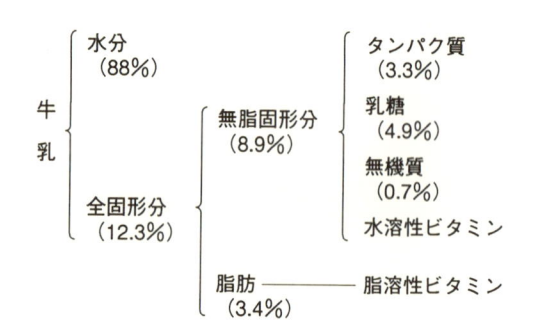

```
                    ┌ 水分 (88%)
                    │
牛乳 ┤               ┌ 無脂固形分 ┌ タンパク質 (3.3%)
     │               │ (8.9%)    │ 乳糖 (4.9%)
     └ 全固形分 ┤              ┤ 無機質 (0.7%)
       (12.3%) │              └ 水溶性ビタミン
               │
               └ 脂肪 ──── 脂溶性ビタミン
                 (3.4%)
```

牛乳（ホルスタイン種）の組成とおおよその割合

　牛乳の主成分は水分です．このため，産まれてしばらくの間は乳以外から水分を得る必要はありません．
　カゼインは牛乳に約 2.8% 含まれ，主要なタンパク質です．子の成長に必要なアミノ酸を供給します．さらに，珍しい役割も持っています．カゼインミセル

にはリンとカルシウムが多く含まれ，消化吸収が格段に優れています．乳児期の特徴として早い成長があげられます．骨の成長に必要なリンとカルシウムを供給する役割も果たしているのです．カゼインは複数のタンパク質で構成される複雑なミセル構造を持っています．一般にミセルは光を散乱させる特徴があります．乳は乳白色をしていますが，乳の乳白色はカゼインによるものであり，また，ミセルとして存在することを示しています．

　牛乳には約3.5%の脂肪が含まれ，エネルギー源として使われます．脂肪は水に溶けません．どのようにして牛乳は脂肪は含むことができるのでしょうか．その秘密は脂肪の構造にあります．脂肪は乳腺細胞で作られ，図に示したように細胞膜で覆われた姿で放出されます．細胞膜は親水性です．このため，外見上，脂肪球として水に溶けた状態で存在できるのです．脂肪が含まれるということは，脂溶性ビタミン（A，D，E，K）も含むことができるのです．

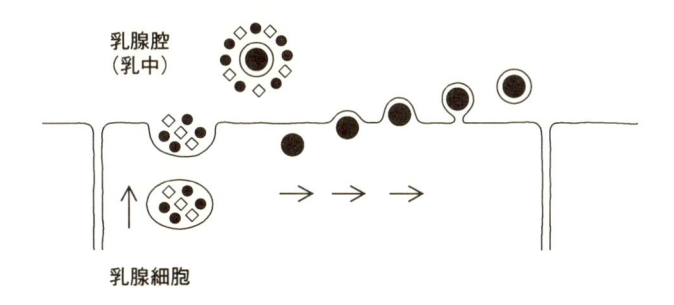

主要乳成分が放出される過程（模式図）
●：カゼイン，●：脂肪粒，◇：乳糖，○：細胞膜，○：ゴルジ膜．

初乳の役割

　母の胎内は無菌状態です．出生により多種多様な微生物にさらされることになりますが，新生児は微生物の感染に対し強い抵抗力を持ちません．しかしながら，微生物の感染によって病気になることはめったにありません．

　分娩直後に分泌される乳は"初乳"と呼ばれ，特徴ある乳成分を持ち，なか

でも免疫グロブリンを多量に含みます。出生直後の短期間（牛では約1日）だけ，免疫グロブリンは消化を受けることなく子の血液に移行できるのです。生まれた子は，母から初乳を通して免疫グロブリンを受け取ることにより，微生物感染に対する抵抗力を得ているわけです。このため，初乳を飲んだ子と飲まなかった子の間で，生存率に明らかな差があります。この差は，特に反芻家畜で顕著です。一方，人を含めて霊長類では免疫グロブリンは胎盤を通過できるため，出生時，すでに母親から免疫グロブリンを受けた状態で生まれます。それでも，消化管内で微生物の増殖を抑えるなど，初乳に含まれる免疫グロブリンの持つ重要な役割が知られています。

しばらくすると，ミルクに含まれる免疫グロブリンが減少し，一般に"常乳"と呼ばれる乳になります。

乳の糖は乳糖

乳糖（グルコースとガラクトースからなる二糖類）は乳だけに含まれる糖で，エネルギー源になります。図に示した合成経路により乳腺細胞は，グルコースをガラクトースに変換したのち，ミルクの構成成分である α ラクトアルブミンが酵素として働き，グルコースとガラクトースとを結合させて乳糖を作り，乳中に分泌します。一方，子は消化管でグルコースとガラクトースに分解したのち，ガラクトースを再度グルコースに変換して利用します。このような複雑な

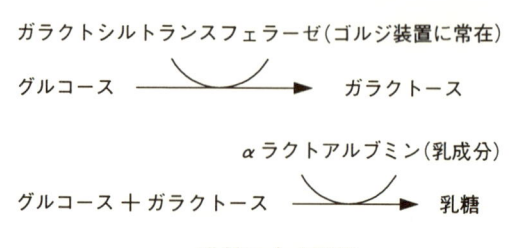

```
           ガラクトシルトランスフェラーゼ(ゴルジ装置に常在)
グルコース ─────────────────────→ ガラクトース

                       α ラクトアルブミン(乳成分)
グルコース ＋ ガラクトース ─────────────────→ 乳糖
```

乳糖の合成機構
α ラクトアルブミンはゴルジ装置を通ってミルクに排出されるため，乳糖はゴルジ装置で合成される。また，ミルクが合成されると乳糖も自動的に合成される。

過程を経ず，最初からグルコースを分泌すればよいように思われます．

牛乳の約5%が乳糖です．もし，乳糖をグルコースで置きかえるとたいへん甘くなります．また，グルコースは便利な糖で，微生物を含め，細胞が直接利用できます．もし，牛乳中に高濃度のグルコースが存在すると，乳腺機能が損なわれることになります．ところが，乳腺細胞は乳糖を利用できないのです．高濃度の乳糖が存在していても，存在しないのと同じことなのです．子に多量の糖（エネルギー源）を与えるために，乳腺細胞が利用できない乳糖に変換する必要があったのです．

もう1つ別な理由もあげられます．乳糖は乳にだけ存在する糖ですが，乳を作っていないときは不要な糖です．αラクトアルブミンは分娩すると作られます．さらに，乳を作っている時期でのみ作られる特徴があります．事実上，αラクトアルブミンの有無が乳腺が乳を作っているか否かの信号であると考えることができます．αラクトアルブミンの合成はホルモンによって調節されています．乳腺は1つの乳成分であるαラクトアルブミンを酵素として利用することにより，併せて乳糖の合成もうまく調節しています．乳糖以外の糖では，このような巧妙な調節ができません．

乳腺の構造

乳腺の役割は子に乳を与えることです．妊娠が始まると細胞の増殖が活発となり，構造も大きく変化します．出産に伴って乳を作り始めます．乳が不必要になると，今まで乳を作っていた乳腺細胞は消失し，妊娠以前の状態に戻ります．

乳腺は，乳頭，乳を運ぶ乳管，乳を作る乳腺細胞，脂肪細胞，支持組織とからなっています．乳腺細胞だけは，妊娠中期以降から泌乳末期まで存在することになります．妊娠の成立をきっかけとして乳管が伸長し，さらに枝分かれしていきます．妊娠が進むと，乳管の先端部分が徐々に大きくなります．この様子は，ブドウの房を思い浮かべると適当でしょう（☞「乳と肉をつくる」）．皮の部分が乳腺細胞，食べる実の部分が中空で乳が貯まる部分，それ以外が乳管で，

枝にくっついている部分が乳頭に相当します．枝分かれが起こり，最後に実の部分が作られるわけです．

妊娠中の乳腺では，形や機能のうえでも，大きな変化が起こっているのですが，外見上それほど大きくなるわけではありません．その理由は，脂肪を失うことによって実質的な空間を広げているからです．妊娠するまでは，大部分を脂肪細胞が占めています．ところが，妊娠すると脂肪細胞から脂肪が消失し，体積は1/数十に減少します．そこに乳腺細胞が増殖していきます．泌乳が停止すると大部分の乳腺細胞は消失しますが，脂肪細胞は再び脂肪の蓄積を始めて，もとの大きさを回復します．この過程で総脂肪細胞数は大きくかわらないといわれています．

乳が出る機構

乳を作る能力は出産のかなり以前に完成しているのですが，乳を作りません．生まれた子が，すぐ乳を飲めるように，出産の前日から急速に乳を作り始めます．乳の合成は下垂体ホルモン（プロラクチン）で調節されているのですが，出産の前日までプロラクチンに反応できないようにブレーキがかけられているのです．もし，あまり早く乳の合成を始めると，出産前に乳の合成が止まってしまいます．

乳は乳腺口胞，乳管，乳（腺）槽で蓄えられています．乳槽のない動物もいます．乳を飲みたいとき，もんだり，噛んだり，つついたり，吸ったりと，盛んに乳頭や乳房を刺激します．このような刺激が加わると，神経を介して下垂体に情報が伝えられ，オキシトシンが血中に放出されます．オキシトシンは乳腺細胞の外側を囲んでいる筋上皮細胞（筋肉細胞）を収縮させ，乳を乳管に送り出します．一方，乳管を取り囲んでいる筋上皮細胞は，乳が乳頭に移動できるように収縮します．乳は自然に出るのではなく，積極的に排出されるのです．吸い出しているようにみえますが，実際は出てくる乳を飲んでいるのです．もし，母を興奮させたり驚かせたりすると，オキシトシンが分泌されません．このため，子が乳頭を吸っても乳は出ません．

乳が作られる期間と泌乳曲線

　乳の生産量は，最初少なく，中期で最も多く，その後次第に少なくなります．この変化は種固有のパターンであり，泌乳曲線として表されます．子の成長に伴って乳量が増加することは理屈に合うのですが，成長に伴ってもっと欲しがる末期になると必ず減少します．

　乳の生産が低下する時期は，子が餌を探せる時期とほぼ一致します．母親が十分に乳を与えない状態とは，子の空腹が続くことを意味します．乳の減少は，自分で餌を探させる，つまり自立の契機となっているのです．あまり長期間の哺乳は，次の妊娠にも影響します．繁殖戦略からみても好ましくありません．泌乳末期で起こる乳量の低下もプロラクチンに反応できなくなった結果なのですが，巧妙な仕組みといえます．

　乳牛は改良の結果，本来の泌乳曲線を大きく変化させました．出産後約10ヵ月も継続します．分娩後2カ月ぐらいで妊娠させます．搾乳停止から出産までの2カ月の間に，「乳腺の構造」で述べた変化が起こるのです．

　― 人の乳とクジラの乳 ―
人の乳は，水分87.5%（47%），タンパク質1.1%（3.9%），脂肪4.5%（37.4%），乳糖6.8%（0.13%）である．（　）内はクジラの乳の成分である．一見してわかるように，人の乳とクジラの乳の成分は大きく異なる．高脂肪という乳の特徴は，冷たい海で暮らす海獣（オットセイ，アシカ，セイウチなど）や寒い地帯に住む動物（トナカイなど）で広くみられる．脂肪含量の高い乳を与えることによって必要なカロリーを供給し，同時に断熱性に優れた皮下脂肪の蓄積を容易にして，寒い環境での生存性を高めている．

卵はヒナの食べもの

　初め，卵にある細胞はいくつでしょう．答えは1つです．もし受精すれば，卵管や子宮内で細胞分裂が進み，抱卵されるまでに胚胞腔が認められる程度にまで発達します．親鳥が卵を温めると，分裂を再開してヒナになります．

　哺乳動物の胚は子宮で発育するため胎盤を通して必要な栄養素を母親から得ることができますが，鳥類の胚は体外で発育するために最初から必要な栄養素を含む必要があります．進化の過程で鳥類は妊娠という方法を選ばず，卵殻を持つ卵という独特な機構を発達させることにより子孫を残す道を選んだからです．これが卵に凝集されているといえるでしょう．卵黄（黄身）と卵白（白身），これがヒナの食べものなのですが，人に対しても理想的なアミノ酸組成をしています．

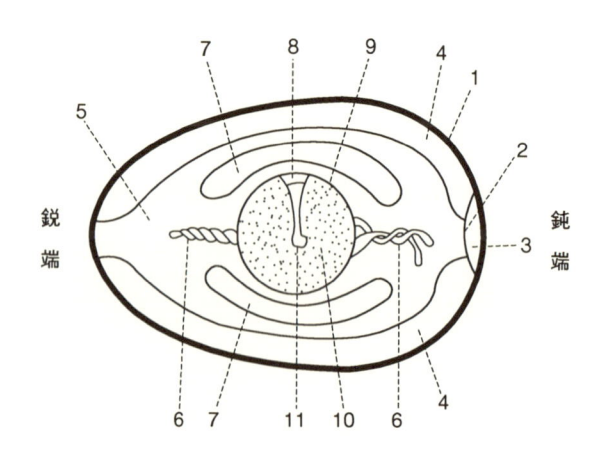

鶏卵構造の模型図（野並慶宜，1990）
1：卵殻，2：内卵殻膜，3：気室，4：外水様卵白，5：濃厚卵白，6：カラザ，7：内水様卵白，8：胚盤，9：卵黄膜，10：卵黄，11：ラテブラ．

卵ができる順序

　大別すると，卵は外側から卵殻，卵殻膜，卵白，卵黄の4部分からできています．作られる順序は逆に内側から作られます．

　卵黄は卵巣で作られます．特殊な染色液を用いると卵黄は中心から層状に作られることがわかります．産卵中の卵巣では，小さいものから大きなものまで，大きさの異なる約6個の卵黄が存在し，完成した卵黄になるまで約6日を要します．この現象は卵胞ヒエラルキーと呼ばれ，最も大きい卵黄が卵子と一緒に卵管漏斗部に排卵されます．もし精子が存在すれば，ここで受精します．鶏では約15分すると卵管上部（膨大部）に達し，卵白が卵黄を取り囲みます．これに要する時間は約3時間です．続いて，卵管下部（狭部）で卵殻膜が作られます．これに要する時間は約1時間15分です．最後に子宮部で卵殻が作られます．これに要する時間は19～22時間です．排卵から体外に排出されるまでの時間を合計すると，24時間から27時間となります．

　産卵鶏は1日に1個の卵を生みますが，完成するまでに24時間以上を要することから，産卵時間は徐々に遅くなります．ある程度遅くなると，卵を産むのを1日休みます．そして，もとの早い時間に戻します．このような理由で，年間で産む卵の数が260個程度となるわけです．300個以上の卵を産ますことはできます．どこかで時間を短縮する必要がありますが，子宮での滞留時間を減らすこと，すなわち卵殻を薄くすることによって時間を短縮します．卵殻の薄い卵は軟殻卵と呼ばれ，壊れやすい卵です．流通上，望ましい卵ではありません．ときには卵殻を持たない卵が生まれますが，子宮を素通りした卵です．

　子宮が卵殻を作る速度と，卵が子宮に留まる時間はほぼ一定です．したがって，大きな卵は表面積が広く卵殻が薄くなり，逆に小さな卵は厚い卵殻となります．鶏では産み始めた頃は厚く，次第に薄い卵になります．産卵時期の進行に伴って，S→M→L→LL（取引規格）と大きくなり，一方，卵殻はこの順で薄くなります．

ヒナが孵る

　鳥類では1回交尾すると，精子は卵管の中で10日程度受精能を維持します．哺乳類では雌の体内で受精能を維持できる時間が数十時間程度ですから，大きな違いです．普通であれば，鳥類は数個の卵を抱卵します．これに必要な受精卵を産むために，1回の交尾で十分であることを意味します．

　1日1個の産卵ですから，実際に抱卵を始めるまでの日数は，最初の産卵から数日後となります．少数の例外を除けば，最初に生まれた卵でも最後に生まれた卵でも孵化する時期は一緒です．抱卵に従事する期間を最短にしているわけです．最初に生まれた卵は外気温にさらされる期間が長いわけですが，鳥類では特別問題になりません．卵は腐らない機構があり，また，受精卵で細胞分裂が始まるために37.8℃という高い温度が必要ですが，自然界ではめったにない気温ですから胚の発生は始まりません．鶏の体温は40.5～42℃もあり，事実上，抱卵することにより胚の発育が再開します．

　鶏では孵卵器に入れたのち，5～7日後に検卵が行われます．胚が正常に発育していれば目でみえるまでの大きさに発育し，放射状に延びた血管もみることができます．孵卵開始後21日目になると，ヒナは約10時間かけて卵殻を壊し，脱出します（孵化）．ヒナの誕生です．

腐らない卵

　卵の中は無菌です．あるいは，きわめて無菌に近い状態です．しかし，外界は無菌ではありません．鶏では，抱卵を始めるまで数日，さらに孵化させるには約21日間を要します．この間に微生物が増殖しては，正常な胚の発育は期待できません．

　卵殻の表面は，産卵時に分泌された粘液が固まったクチクラで覆われています．数千ある気孔もクチクラで塞がれ，微生物の進入を防いでいます．しかし，水で洗ったり，強くこすったりするとクチクラは剝がれ，腐りやすくなります．微生物の進入を防ぐ第1の関門がクチクラの存在です．

もし気孔から微生物が進入したとしても，2層からなる卵殻膜が第2の関門として働きます。微生物が卵殻膜を通過するのは難しいといわれています。
　卵白の主要成分はオボアルブミンですが，それ以外にも多種類の成分が含まれています。オボトランスフェリンは金属と結合し，金属イオンを要求する微生物の成育を阻害します。リゾチームは，一部のグラム陽性菌に対し強い溶菌（殺滅）作用があります。アビジンはビオチンと強く結合し，これに結合したビオチンをビオチン要求性の細菌は利用できないため防腐作用を示します。また，タンパク質分解酵素を阻害する多種類のタンパク質も含まれ，微生物による卵白の分解を阻止しています。これが第3の関門になっています。
　鶏が産んだ状態の卵であれば，最も腐敗しやすい卵黄にまで微生物が到達できる可能性はほとんどありません。このように，各段階で微生物の進入が阻止され，よほど長期間でなければ貯蔵中は腐敗しないのです。

丈夫な卵殻

　丈夫な卵殻を持っていても，次に述べる機構により胚は正常に発育できます。
　抱卵中，親鳥は頻繁に卵を動かします（転卵）。回転させたり上下を逆にするなどです。この転卵という操作は，胚が正常に発育するために必須なのです。そのため，卵が壊されないように，丈夫な構造物である卵殻が必要なのです。ところが，孵化が始めると胚は呼吸を始め，酸素を取り入れ，二酸化炭素を排出します。これらの気体は卵殻を通過できませんが，気孔を通して交換が行われます。水分も気孔から失われます。これらの物質交換は気孔がクチクラで塞がれていても支障ありません。
　産卵直後の卵には気室はありませんが，冷やされると卵の鈍端側に現れます。温度が変化すると，卵黄と卵白は膨張と収縮を繰り返します。困ったことに，卵殻は変化できません。この問題を解決するため，気室と呼ばれる空間を利用しているのです。さらに，気室は気孔で外界と結ばれ，空気の出入れで卵の内部圧力を一定に調節しています。冷蔵庫で冷やしたり，卵が古くなると気室が大きくなりますが，空気が入ったり，また，水分が失われた結果なのです。

肉を食べる

　肉は生の状態で長期間保存することはできません．そのため，さまざまな工夫がされました．今では，いろいろな畜産加工品を目にしますが，ルーツをたどれば，豚肉を長期間保存するために行われた塩漬けにたどり着きます．

保存の方法

　保存とは，微生物の増殖を防ぐことです．腐敗は微生物によって起こる現象ですが，人が微生物を制御し，望ましい状態に保つことを発酵と呼びます．したがって，発酵は制御された腐敗と等しい意味を持ちます．

　長期間保存するためには，塩に漬ける，いぶす（薫製），加熱する（湯煮），乾燥する，腐らせる（発酵）など，何らかの加工を行う必要があります．いずれも，微生物の増殖を阻止，もしくは微生物を殺す作用があります．これらの処理方法は昔でも可能でした．現在では，防腐剤を使用する，凍結するなども加えられます．古い時代は塩漬けの状態で保存することが最も基本的な方法でした．

秋とト殺

　ヨーロッパで広くみられる光景ですが，秋の終わりに豚が一度にト殺されます．特に昔では，少数の繁殖用の豚を除いて，ほとんどがト殺されると考えて大きな誤りはありません．この肉が塩漬けされ，冬から春までの保存食となりました．

　ヨーロッパでは，林間で豚を飼うことが広く行われていました．冬場でも多数の豚を飼育するとなれば，畑から飼料を得られないため，大量の越冬用飼料を準備し，それを蓄える大きな倉庫が必要になります．ところが，保存が簡単な乾草を豚は食べません．また，冬場では畜舎の中で飼わなければならないわけですから，大きな制約となります．これらの理由で，秋に一度に多くの豚が

ト殺されました．是が非でも保存が必要であったのです．最も簡単な方法が塩漬けです．以上の背景を眺めると，豚肉を原料とした加工技術が発達したことがよく理解できます．今では，豚以外の肉の加工にも用いられています．

ソーセージ，ハム，ベーコン

これら畜産食品の主原料は豚肉です．しかし，いずれの加工品においても塩漬けから出発します．塩漬けにすれば長期間の保存が可能ですが，微生物の増殖を防ぐために必要な塩の濃度はきわめて高いもので，塩辛くて食べるのに適しません．また，塩抜きしても風味の点で劣ります．コショウは肉を美味しくするために欠かせない香辛料ですが，古くは生産地インドからラクダで陸路を，次に船で地中海を運ばれたため，同じ重さの金と交換されるほど高価なものでした．また，バスコ・ダ・ガマは，コショウをインドから船で運ぶために喜望峰を発見したともいわれています．当時，多くの人はまずい肉を食べていたことを伺わせます．おいしく食べるために考えだされたのが，ソーセージ，ハム，ベーコンなどへの加工だったのです．

ソーセージは各部位の肉と脂肪をひき肉とし，さらに調味料と香辛料を加えて混合し，羊や豚の小腸に詰めたのち，湯煮，くん煙あるいは乾燥させたものです．塩漬け，くん煙，湯煮，乾燥などは微生物の増殖を防ぐことが主目的ですが，品質を高めたり，風味をよくする作用もあります．これらのうち，あるステップを省いた製品もあります．用いる原材料，加工方法も多様です．種類はきわめて多く，世界には1,500種類以上あるといわれています．それだけ生活に密着した畜産食品となっています．ハムは本来，豚のもも肉を意味しました．塩漬け，くん煙，湯煮して独特の風味を与えた加工品です．また，イギリスの朝食に欠かせないベーコンは，脂肪の多い豚脇腹肉を原料としたくん煙肉製品です．これにも塩漬け肉が用いられます．ロースベーコン，ショルダーベーコン，ミドルベーコン，サイドベーコンなどがあります．

ソーセージ，ハム，ベーコンに加工すると，低温で保存しなくとも数日以上腐敗することはありません．冷蔵庫がなかった時代，大切な加工技術でした．

牛乳を食べる

　液体を入れる容器として，古くから胃の片方を縛ったものが使われていました．たまたま，生まれた直後の子牛の胃に牛乳を入れておいたところ固まってしまい，放置しておくと香り豊かになったことが契機となって，チーズが発明されたといわれています．また，牛乳を入れて運んでいる途中の振動で黄色い塊り（乳脂肪）が析出し，全く異なった味であったことからバターが発明されたともいわれています．ヨーグルトの発見は自然に混入した微生物によるものでした．このように，チーズ，バター，ヨーグルトは古い歴史を持った食品です．

チ　ー　ズ

　チーズは，腐らせることによって保存性を高めた代表的な乳製品です．なかには50年以上も保存できるチーズがあります．誕生したときに作ったチーズで人生の節目を祝い，お葬式で最後の残りを食べる風習が，スイス，イタリアの山岳地帯に残されています．

　生まれた直後の子牛では，人の胃に相当する第四胃からレンニン（キモシン）が分泌されます．この酵素はカゼインを凝固させる作用があります．私たちがよく食べるチーズでは，牛乳を凝固させることからスタートしますが，昔の言い伝えがまんざら嘘でないことがわかります．次に，乳酸菌やかびなどのスターターが添加され，一定期間が過ぎる（熟成）と完成します．

　チーズの製造では，最初に牛乳にレンニンが加えられます．しばらくすると白色の沈殿物（カード）ができ，透明な液体とに分離されます．カードの主要部分はカゼインの塊りなのです．現在では，カゼインミセルを構成する α-，β-，κ-カゼインのうち，κ-カゼインだけがレンニンによって加水分解を受けていることが明らかにされています．カードにはカゼインのほかに脂肪が含まれ，事実上，主要な栄養素が集まったものです．

　熟成のため，乳酸菌スターターあるいはかびスターターが用いられます．カー

ドに乳酸菌を加えた場合，細菌酵素によるカゼインと脂肪に対する分解性は弱く，きわめて緩慢な速度で乳成分を分解します。一般に，マイルドな風味を持つチーズができます。一方，かびを用いた場合，カゼインと脂肪に対する分解性が強く，独特な強い風味を持つチーズになります。ロックフォールチーズやカマンベールチーズは代表的なものです。チーズは熟成中に分解を受け，栄養学的にも優れた食品になります。

ヨーグルト

ヨーグルトも発酵させて作られる乳製品で，最も古い歴史があります。牛乳（脱脂乳）にスターターとして乳酸菌や酵母が加えられて，適度な酸味を持ち，牛乳と全く異なった風味を持つ食品にかわります。また，整腸作用を持つことも知られています。世界中で広く食べられ，ブルガリアンミルク（起源はブルガリア），ヨーグルト（中東），アシドフィルスミルク（アメリカ）が代表的なものです。

バター

牛乳の脂肪は被膜(細胞膜)に覆われて分散しているのですが，軽いため，クリームセパレータを使用すると簡単に集めることができます。クリームを撹拌すると泡立ち，デコレーションケーキやアイスクリームの材料となります。さらに撹拌を続けると脂肪が分離し，これからバターが作られます。激しい撹拌操作とは，脂肪球被膜を壊すことだったのです。ここでも言い伝えがまんざら嘘でないことがわかります。バターは脂肪が固まったものですが，脂溶性のビタミン (A, D, E, K) を多く含みます。発酵により風味を改良したりもされます。また，無塩バターとして販売されているものは，全く添加物が加えられていないため，季節により味も異なり，乳脂肪本来の味を知ることができます。

家畜の栄養，人の栄養

外部環境としての栄養

　動物において，一般に栄養というのは，その種を存続するための個体の維持，増殖に必要なものを外界からとることをいいます．そして，そのために必要な物質のことを栄養素と呼んでいます．栄養素には，五大栄養素としてよく知られている炭水化物，タンパク質，脂肪，ビタミン，ミネラルがあります．動物はこれらの栄養素を食物から取り入れます．したがって食物は，動物を取り巻く温度，水，光，その他の生物との関係などとともに，動物の生命活動（生存）を規定する重要な環境要因の１つになっています．すなわち，食べものはその質と量によって動物の生命活動を制御しているということもできるのです．

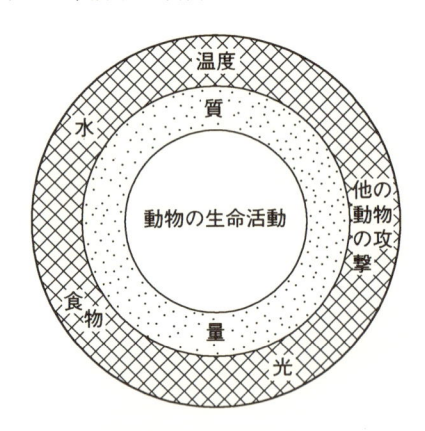

動物の生命活動を規定している外部要因

野生動物にとっての栄養

　私たちは，野生動物に，最も典型的な栄養のプロトタイプ（原型）をみることができます．野生動物は，その生命の維持，成長，増殖など，種の存続のために必要な活動のため，外界から命がけで食べものをとっています．命をかけなければならない理由は，動物によりさまざまです．ヌーやガゼルなどのそれ

ほど強い食物選択性を持たない草食性の動物は，食環境に恵まれ，食べものへのアクセスは容易ですが，肉食性動物のハンティングの脅威にさらされます．反対に強い食物選択性を持つ動物は，実に厳しい食物環境の中にあります．ハチドリは蜜源植物の多少に依存し，高山のニホンライチョウは冬の厳しい食物環境の克服を強いられます．食べものとなる草木，果実，種実，動物などの量は，自然界の気候の変動によって大きく左右され，それは食べものとなる植物の種類の偏りを引き起こします．このことが，動物の摂取する栄養素の偏重，利用性の高低などの質的な変動をもらすことになります．このように，食物の量と質の充足は，動物の生存とその種の存続にとって決定的な因子になっているのです．

人 の 栄 養

　動物とそれを取り巻く栄養環境との関係で，野生動物と対極にあるのが人です．日本を含む先進諸国において，人はその意思によって，いつでも，食べたい物を食べたいだけ，比較的自由に手に入れることができます．しかしこの環境は，同時に栄養の過剰や偏食など，人の栄養上，欠乏に匹敵する大きな問題の要因になっているのです．

　高い生産性を目的とする経済動物の家畜と違って，人の栄養の目指すところは，人の健康を肉体的にも精神的にも維持することです．人の健康とは，生命の誕生に始まり，成長，出産，子育てなどの生物学的な営みと，一生を通じての社会的な活動が滞りなく行われることを指しています．しかしながら，食物が巷(ちまた)に満ち溢れている現代社会では，この目的を達成することは，実はたいへん難しいことなのです．食べものがたくさんあるうえに，食欲中枢を刺激する心理的要因の力が強いためか，あるいは摂食を抑制する満腹中枢が壊れやすいのか，理由はともかく，理性的に食べものの摂取量をコントロールすることは，人がたいへん苦手とするところです．"人の栄養"では，まずこの違いを認識しておくことが肝要です．栄養学の成果が，人の実際の栄養でなかなか活かせない理由はここにあるのです．

家畜飼養と人の関わり

　家畜栄養学の目指すものを述べる前に，まず，家畜飼育の目的について考えてみましょう．

　家畜飼育は私たちの生活に多面的な効果を与えてくれます．どこまでも続く広大な緑の草地，飼料畑，そして青い空にはえるサイロと赤い屋根の牛舎，北海道の根釧でみられるこの典型的な牧歌的光景は，疲れきった大都会の生活者に，安らぎと日常のしがらみからの解放をもたらし，明日への活力を与えてくれます．この牧畜の派生的な効果は，お金には換算できないものの，人の暮らしにとっては欠くことのできないたいへん貴重なものです．しかし，どちらかというと見過ごされ，軽んじられています．また，伴侶動物を通して，人の一生や生命の尊さを学び，豊かな情操を養い，心の安らぎや癒しを得ることなども，犬や猫を飼う主な目的です．今日では，このような目的のために，積極的に馬を利用する活動もみられます．

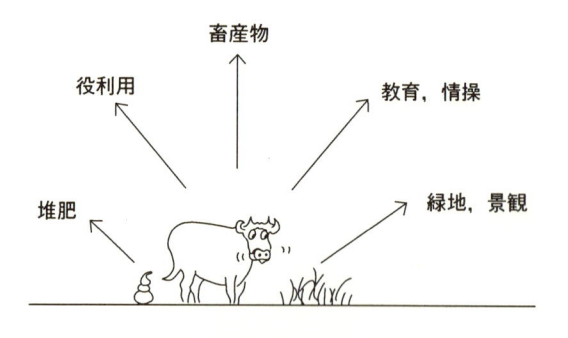

家畜飼育の目的

　しかし，何といっても，私たちの生活への家畜の最も大きな役割は，乳，肉，卵などの動物性食品を供給することです．特に草を食べる家畜は，私たちが直接利用することのできない餌から，私たちの食生活にとって，欠くことのできない良質の動物性タンパク質を供給してくれます．近年，日本人の体格の向上には，目覚しいものがあります．その原動力が，第二次世界大戦後の畜産業の

急速な発展と，それに伴う畜産物の増産にあったことは間違いありません．そして，この増産に大きな貢献をしたのが，家畜栄養に関する研究成果なのです．

家畜の栄養は何のため

家畜栄養学の目指すところは，乳，肉，卵，毛，皮などの生産を最小のコストで達成できる栄養素要求量を明らかにし，家畜の標準栄養素必要量（飼養標準）を設定することです．人の栄養が肉体的，精神的健康を目指したのに対し，家畜の栄養は，これと明らかに違っています．しかし，これは，家畜の肉体的，精神的な健康を無視しているというわけではありません．もし牛が病気であって，健康でなかったら，十分なミルクの生産はできないでしょう．しかし家畜の場合，人のように寿命を全うするという意味で健康を論じないので，人の健康とは区別されるべきなのです．また，ガチョウやアヒルに強制給餌して，脂肪肝であるフォアグラを作るのが健康かといわれると，そうではありませんし，商品価値の高い大きなフォアグラを作る栄養学的な研究は不健康栄養学そのものということもできます．

― 飼養標準 ―
飼養標準とは，家畜を合理的に飼養するため，家畜の種類，使用目的に応じて餌として給与すべき栄養素量の標準を示したもので，日本飼養標準，NRC飼養標準（アメリカ），ARC飼養標準（イギリス）などが代表的である．1859年のグルーベンの標準に始まり，ウォルフ，ケルネル，モリソン，鈴木，森本の飼養標準が設定され使用されてきた．近年は各国が自国の家畜や飼養条件にあった飼養標準を国家的に設定している．日本飼養標準は，乳用牛，肉用牛，羊，豚，家禽について設定され，利用されている．わが国では，日本飼養標準，NRC飼養標準がよく用いられる．

栄養があるとはどんなことか

栄養成分を含むこと，そして消化されること

　食べものや餌が動物に利用されるためには，まず，炭水化物，タンパク質，脂肪などの栄養素あるいは栄養素となりうる成分が含まれていなければなりません。かつて，藻類のクロレラが未来の食糧資源，タンパク質源，宇宙食などともてはやされたことがありました。アミノ酸組成がよく，大量培養ができるからです。しかし，現状からおわかりのように，クロレラが人間の肉や卵などの食品の代替物として利用されていることはありません。コストの問題もありますが，その大きな原因は，クロレラの細胞膜が硬くて動物の消化酵素で消化しきれなかったために，せっかくのよいアミノ酸が利用できなかったのです。

消化と吸収，その意味は

　デンプンから構成されている米は栄養があり，食物として利用できます。しかし，セルロースが主要成分である木材は栄養があるとはいえず，その目的には利用できません。実は，デンプンもセルロースもグルコース（ブドウ糖）がたくさん結合してできた高分子化合物で，構成単位は同じです。ただし，そのグルコースの結合の様式が両者で違っているのです。デンプンは$\alpha 1,4$結合でグルコースが結合した（一部分$\alpha 1,6$結合で分枝している）ものですが，セルロースは$\beta 1,4$結合で結合しています。動物は，$\alpha 1,4$結合や$\alpha 1,6$結合を分解する酵素を持っていますが，$\beta 1,4$結合を分解する酵素を持っていません（微生物の中にはこの酵素を持っているものがいます）。つまり，"栄養がある"というには，"存在する栄養素が消化される"ことが，次に必要な条件なのです。このように，栄養素が利用されるためには，消化という第1の関門を通らなければなりません。摂取した栄養成分のうち消化された割合を消化率といい，厳密には，その後の吸収と別個に考えるのが正しいといえます。ところが，実用上は，消化と吸収の両方を含めた意味で下の式のように求め，消化率と単にいっ

ています．これは，餌の栄養価を判断する目安としてよく使われます．

$$消化率（\%）=\frac{摂取した成分量-糞中に排泄された成分量}{摂取した成分量}\times 100$$

　次に消化された栄養素は腸管から吸収されなければ，体の中でミルクのタンパク質にも，卵のタンパク質にも合成されようがありません．したがって，栄養素の吸収がその利用のための第2の関門といえます．

利用される栄養素，利用されない栄養素

　消化されて吸収された栄養素のうち，炭水化物と脂肪は，エネルギー源として利用されます．最終的には，CO_2と水になるか，あるいは脂肪として組織に蓄えられます．どちらになるかは，体のエネルギーの充足状態によっています．一方，タンパク質の消化産物であるアミノ酸は吸収されて体内に入ると，体のタンパク質の合成に用いられます．しかし，過剰なアミノ酸や，バランスが悪くてタンパク質の合成のために利用されないアミノ酸の窒素部分は，最終的に，哺乳動物では尿素に，鳥類では尿酸となり体外へ排泄されます．

　炭水化物や脂肪は，いったん吸収されると，効率の良し悪しは別にして，エネルギーの発生や脂肪の蓄積のために利用されるので，尿中に排泄されるのはわずかしかありません．したがって，おおざっぱにいえば，これらの消化率は，利用率ということもできます．しかし，タンパク質の場合はこれらと著しく異なって，種類によっては吸収されたアミノ酸の大部分が利用されることなく，排泄窒素化合物の形で尿中に排出されることがあります．吸収されたアミノ酸の利用率は，その必須アミノ酸含量とアミノ酸のバランスに大きく依存しているからです．

利用されるエネルギー，利用されないエネルギー

　話をエネルギーの利用に移しましょう．三大栄養素である炭水化物，脂肪，タンパク質は，代謝的な優先性や条件はありますが，どれもその炭素骨格がエネルギー源として利用されます．食べものや餌は燃焼させると燃えますが，この

とき発生する物理学的な熱量がそのものの持っている総エネルギーといわれるものです．この総エネルギーは，どんな食べものや餌から摂取されたものであっても，動物によって100％利用されるということはありません．摂取された食べものや餌のエネルギーの一部は不消化物として糞中に排泄されます．消化され吸収されたエネルギーを可消化エネルギーといいます．そのうち，一部はさらに尿中に失われ，消化管内の発酵ガスとして放散されるので，それらを可消化エネルギーから差し引いたものを代謝エネルギーと呼んでいます．この関係を要約すると図のようになります．

したがって，栄養があるものとは，代謝エネルギーに富む食べものや餌であるということになります．

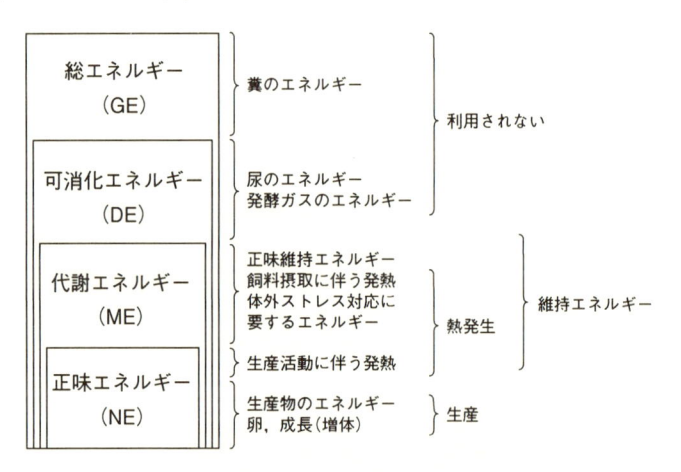

```
総エネルギー       糞のエネルギー      ┐
(GE)                                │ 利用されない
                                    │
可消化エネルギー    尿のエネルギー      │
(DE)             発酵ガスのエネルギー  ┘

代謝エネルギー     正味維持エネルギー   ┐
(ME)             飼料摂取に伴う発熱    │
                体外ストレス対応に    │ 熱発生 ┐
                要するエネルギー      │       │ 維持エネルギー
                生産活動に伴う発熱    ┘       │

正味エネルギー    生産物のエネルギー   ┐ 生産
(NE)             卵，成長（増体）     ┘
```

総・可消化・代謝エネルギーの関係

タンパク質の蓄積と利用

タンパク質の栄養は，それを構成するアミノ酸の栄養であるといいかえることができます．タンパク質は動物の消化器で消化酵素によって分解されアミノ酸になります．アミノ酸は吸収されて，体の中で再びタンパク質の合成に利用されます．したがって，タンパク質が体の中で利用される状態になるには，まず，消化および吸収されることが必要です．消化と吸収はタンパク質の利用に

おいても，重要な第1の関門となるのです．消化されるタンパク質の割合は，タンパク質の消化率と呼ばれ，タンパク質の栄養価の重要な指標になっています．

次に，体内におけるタンパク質の合成のためには，必要なアミノ酸が餌に含まれていることが重要です．消化されて吸収されたアミノ酸も，タンパク質の合成に必要なアミノ酸がバランスよく揃っていなければ，体のタンパク質として蓄積されずに排泄されてしまうからです．つまり，消化吸収されたアミノ酸のうち，タンパク質の合成に利用され体に蓄積した割合が高いほど利用性の高いタンパク質といえます．この割合を生物価と呼び，次のように計算します．

$$生物価（BV）=\frac{吸収窒素－（尿中排泄窒素－内因性尿窒素）}{吸収窒素}×100$$

しかしながら，前述したようなタンパク質の消化率や生物価では，摂取したタンパク質全体の利用性を示すことはできません．そこで，実際のタンパク質全体の利用性を示す指標として，正味タンパク質利用率（net protein utilization, NPU）が用いられています．これは次のように求められます．

$$NPU（\%）=\frac{蓄積窒素}{摂取窒素}×100＝生物価×真の消化率$$

要するに，摂取したタンパク質のうち，体タンパク質の合成に利用される割合が高いものは，これまた"栄養のある"餌であり食べものであります．

人における食物タンパク質の生物価，消化率，正味タンパク質利用率

タンパク質の種類	生物価	消化率(%)	正味タンパク質利用率(%)
全　卵	100	96	100
卵　白	91	100	95
大　豆	73	90	69
カゼイン	63	96	63
小　麦	41	97	49

（芦田　淳，1966）

食欲を感じるメカニズム

空腹と満腹

　家畜は，育種的な改良によって食べられる餌の量が増えました．家畜における生産性の向上は，これが原因であるといわれています．餌を食べる量は食欲によって調節されます．一般には，空腹を感じて食べ，満腹を感じて食べるのをやめるからです．空腹感と満腹感によって日々の餌の摂取量は適度に保たれているのです．

　空腹感と満腹感，この2つの感覚が，体の栄養素の必要性によってだけ調節されているとすれば，過剰な脂肪の蓄積（肥満）も病気になるようなこともないはずです．しかし，実際の食欲は，特に人間の場合では，感情と密接に関連していることが知られています．心配事が多い場合には，食べものがのどを通らないといいますし，逆に心理的に強い衝撃を受けた場合などにはやけ食いをするということもあります．また，他人の食べている様子をみたり，きれいに盛り付けた料理をみたりするときに食欲を感じます．このように，視覚からの刺激も，過去の記憶と結び付いて，食欲の発生を促すことがあります．食欲と感情との密接な関係は，食欲と感情の中枢が間脳の視床下部という場所に存在することと関係があるといわれます．過去の経験，記憶との関連で食欲を感じるのは，食欲が大脳皮質で支配されていることを示すものと考えられています．

　では，空腹はどんなときに感じるのでしょうか．これは，文字通りお腹がすいたときということですから，胃の中に存在する食物が少ないとき，空腹をセンサーが感じとって食欲が刺激されると考えらえます．しかし，手術によって胃を切除した人でも，空腹や満腹を感じることができることから，この説だけで食欲を説明することはできないでしょう．

食欲の中枢

　今，最も支持されている食欲のメカニズムについての主要な考えは，中枢説

というものです．頭の間脳の視床下部というところに，食物の摂食を指令する摂食中枢と摂食を止める満腹中枢があります．種々の刺激に対し，この両者が反応して空腹感と満腹感を持つことができ，両者のバランスによって食べる量が調節されているとする考えです．視床下部における摂食中枢と満腹中枢の特定は，ラットや猫を使って，視床下部の種々の部位を局所的に，①破壊することによって摂食行動を調べ，②慢性的に植え込んだ電極による刺激実験によって，また③自発性単位放電の誘導実験から，視床下部の腹内側核(ventromedial hypothalamic nucleus, VMH) が満腹中枢で，外側野 (lateral hypothalamic area, LH)が摂食中枢であることが明らかになりました．したがって，空腹とは，摂食中枢が活動するときに感じられ，摂食が促され，一方満腹とは，満腹中枢の活動するときに感じられ，摂食によって達成されるものといえましょう．

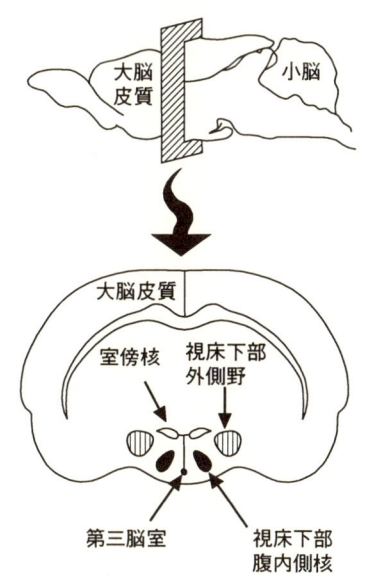

間脳視床下部の摂食(外側野)・満腹中枢(腹内側核)(古瀬充宏, 2001)

何が食欲に影響するか

前述のように，食欲は摂食中枢と満腹中枢の活動によって調節されていますが，それではこれらの中枢の活動を調節している要因は何でしょうか．

私たちの普通の体験として，激しい運動のあとに甘いものを欲することがあります．運動による大量のエネルギーの発生は，血液や筋肉中のグルコースを消費します．その結果血糖値が低下し，それによって摂食が刺激されるというわけです．これを，糖定常説といっています．アドレナリンを注射すると，組織からグルコースの動員が促され，血糖値は上がり，摂食が抑制されます．一方，インスリンの注射は，組織におけるグルコースの消費を促進して血糖値を下げるように働き，摂食を促進します．これらの反応は，いずれも糖定常説を裏付けています．ところが，血糖値が異常に高い糖尿病の患者でも，食欲が依然としてあります．これは糖定常説で説明できません．そこで新たに，動脈血と静脈血のグルコース濃度の差，すなわち組織におけるグルコースの利用率が摂食を支配しているという考えが提案されました．つまり，組織のグルコースの消費が活発で血中のグルコース濃度の動静脈差が小さいとき（真性糖尿病のときはこれが当てはまる）は摂食が始まり，大きいときは摂食が中止されるという考えです．これを裏付ける一例として，満腹中枢にも，摂食中枢にもグルコース感受細胞が存在し，ここへのグルコースの直接投与は，飽満中枢の活動を促進し，摂食中枢のそれを抑制します．このように，食欲の調節にはグルコースの組織における利用性が大きな要因になっています．

　食欲は食物による胃の拡大，収縮だけでは説明できないことを前にも述べました．それでは，胃の膨満と収縮は食欲に影響しないのでしょうか．食欲の調節に胃の膨満と収縮が関係していることは，次の研究によって証明されました．胃内にゴム球を入れ，人為的に胃壁を伸展するとき飽満中枢の活動電位は増加し，摂食中枢のそれは抑制されること，胃壁の伸展によってインパルスを発生する神経線維が胃に分布している迷走神経の中に存在すること，さらに，食欲中枢の活動電位に対し迷走神経の胃枝における求心性の刺激は胃壁の伸展と同様の効果を持っていることが明らかにされました．したがって，胃壁の伸展，収縮も摂食を調節する1つの要因であるといえるわけです．

　私たちは，寒い時期になると食欲が増し，暑い時期には食欲がなくなることを実感しています．ラットなども，寒冷にさらされると食物摂取量が増加して，

体熱の放散に備えます。これは，環境温度が食欲に影響し，食欲を調節する要因であることを示しています。しかしこれは，環境温度そのものが食欲を直接調節していることを意味しているのではありません。環境温度の変化は動物の熱産生量の変化を伴い，この変化がエネルギー源であるグルコースの消費量と関係するからです。環境温度の食欲への影響は，エネルギー源から熱を産生する過程が関係した，間接的な効果かもしれないのです。ただし，低温にさらされたマウスは餌の摂取量の増加だけでなく，エネルギー源として重要な炭水化物を好むという，摂取する餌の選択性をも示しました。これは，この環境下のマウスの生存にとってたいへん都合のよい適応反応といえましょう。

体内温度の変化が，体温調節中枢の熱放散に関係する視索前野というところに影響して，摂食量の増減が行われるという考え方があります。視索前野を特殊な装置で局所的に48～49°Cに暖めると，摂食量が減少し，逆に冷やすと摂食量が増加することを，その根拠としています。しかし，温度刺激実験では他の部位を傷付けることが避けられませんし，局所的な加熱，冷却といっても，熱は血流を介して伝達してしまうこともあります。よって，この方法による証明は難しそうです。この問題を克服すると思われるのが，脊髄温度刺激は体温調節だけでなく食欲と胃腸運動に影響するという報告です。ラットと犬による実験では摂食量が脊髄の加温により減少し，冷却で増加するという結果が得られています。この方法では，温度刺激の際，視床下部の中枢の温度変化が直接影響する心配はありません。

そのほか，食欲に影響する因子として多くの物質が明らかになってきましたが，詳細についてはこれからの研究に期待しなければなりません。

熱 を 得 る

栄養素の燃焼

　私たちの体でも，家畜の体でも，栄養素のうち主に炭水化物と脂肪が燃えて熱が発生し，動物はこれをさまざまな活動に利用します．今日では，炭水化物や脂肪が体の中で代謝されて熱を発生するのは，ローソクのパラフィンが燃えて熱や光を発生するのと化学的に同じことであるということが多くの人に知られています．

　食べたものが体の中でどのような変化を受けて力や熱を発生するのかという疑問は，古くから関心の高いテーマでした．この疑問に答えたのが，近代科学の父といわれ，1794年5月8日フランス革命の犠牲となって断頭台の露と消えた，フランスのLavoisierです．彼は1783年に，密閉した容器の中でモルモットを飼い，呼吸によって排気された二酸化炭素の量と，そのときに発生する熱量を測定しました．そして，この比は，ローソクを密閉した容器の中で燃焼させ，発生した二酸化炭素と発散した熱量の比とほぼ等しくなることを，実験によって初めて明らかにしました．彼はこの結果から，「動物の呼吸とは炭素および水素の緩やかな燃焼で，この燃焼はローソクの燃えるのと同じである」との結論を導き出しました．燃焼とは物質が酸化することですから，呼吸は体内の栄養素が緩やかに酸化することであるといいかえることができます．

体の中で燃えているものは何

　動物の体内で栄養素の何がどのくらい燃えているかを知るためには，栄養素と酸素が二酸化炭素になる反応で，消費される酸素容量と発生する二酸化炭素容量を測定しなければなりません．

　この消費される酸素容量と二酸化炭素容量の間には，炭水化物，脂肪およびタンパク質が酸化したときそれぞれにおいて，栄養素に固有の比率があります．酸素消費容量に対するこの生成された二酸化炭素容量の比を呼吸商（respiratory quotient, RQ）と呼んでいます．

$$RQ＝二酸化炭素生成容量/酸素消費容量$$

この値は，炭水化物の場合 1.0 であり，タンパク質の場合 0.80～0.83，脂肪の場合 0.707 です．

グルコースの例

$$C_6H_{12}O_6＋6\,O_2 \rightarrow 6\,CO_2＋6\,H_2O$$
$$RQ＝6\,CO_2/6\,O_2＝1.0$$

呼吸商を知ることによって，体内で酸化されエネルギー源になっている物質の組成を推定できます．普通，体内で酸化分解される物質は 1 種類ではなく，炭水化物，脂肪，タンパク質が同時に酸化されます．そこで，体内でタンパク質が分解されるときには，必ず窒素を尿中に排泄することに着目して，これからタンパク質の体内分解量を算出し，タンパク質 1 g が分解するときに消費する酸素容量と生成される二酸化炭素容量から（あらかじめ求められている値，動物によって，研究者によって異なる），タンパク質に由来する酸素消費量と二酸化炭素生成量を得ることができます．次に，総酸素消費量と総二酸化炭素生成量からこれらの値をそれぞれ差し引いて，炭水化物と脂肪の酸化分解に由来する酸素消費量と二酸化炭素生成量が得られます．これらの値から求められる呼吸商は，非タンパク呼吸商ということになり，この値を Zuntz-Schumburg-Lusk の表に当てはめて炭水化物と脂肪の酸化割合とそのときの酸素の熱等量価を求め，熱生産量を計算します．

呼吸商は，通常 0.7 から 1.0 の範囲内にあります．しかし，絶食期間が長くなり，ケトン体が生じるときには 0.7 以下になることがあり，肥育中の動物で炭水化物から脂肪の合成が活発に行われている条件においては 1.0 を超えることがあります．

タンパク質はなぜ毎日とるのか

　食物のタンパク質は，消化管でアミノ酸やペプチドに消化され吸収されます．体内に取り込まれたアミノ酸は再びタンパク質の合成に利用され，成長期には体タンパク質として蓄積されます．成長期にタンパク質が必要なことは，このことから容易に理解できます．しかし実際は，成長期を過ぎ体重の変化しない，もっと厳密にいえば，体のタンパク質量が変動しない，成人あるいは老人であっても，食品タンパク質を毎日摂取しなければなりません．

絶えず更新している体のタンパク質

　体のタンパク質は吸収されたアミノ酸から合成される一方，絶えず分解していて，一見何も動いているようにはみえませんが，実は動的な状態にあるのです．もし食べもののタンパク質が与えられない場合には，体のタンパク質の合成は分解よりも低下するため，バランスとしては体のタンパク質の量が減少することになります．このとき排泄される尿中窒素は，内因性尿窒素ともいわれ，体タンパク質の分解に由来する，体の最低限のタンパク質代謝を維持するために必要な窒素ということになります．

　1939年にSchoenheimerらは，^{15}Nで標識したロイシンを，体重が増加しない状態にあるラットに3日間与えて，その間排泄される糞と尿の全量について^{15}N量を測定し，同時にそのときのラットの体タンパク質に含まれる^{15}N量を測定しました．その結果，与えた^{15}N量の94%が排泄物とラットの体組織に回収され，そのうち57%が体のタンパク質中に回収されました．この実験条件で体重は変化しませんので，体のタンパク質の総量は実験前後で同じであったとみなすことができます．したがって，体のタンパク質は，前から存在していたタンパク質が分解され，与えたロイシンを利用して新たに合成されたタンパク質がこれと置きかわることになります．このように，体の成分は絶えず分解と合成を繰り返し，更新されています．これを代謝回転と呼びます．

組織によって異なる更新速度

　体タンパク質の合成分解の速度はタンパク質の種類によって異なり，血漿タンパク質，肝臓タンパク質，心臓タンパク質などは早く，筋肉タンパク質はこれらより遅いことが知られています．さらに，各臓器あるいは組織のタンパク質を構成するタンパク質は1種類ではありませんから，そのタンパク質個々の代謝回転速度は異なっていることが推定されます．

　表から，胃，腸管，肝臓，胸腺のタンパク質の更新は早いが，皮膚や筋肉は遅いことがわかります．このように，動物の組織タンパク質の代謝回転速度は，一般に内臓組織が早く，皮膚，髪の毛，爪などは遅くなっています．

7日齢のウズラにおける組織中タンパク質の更新(%/日)

組織	更新率
皮　膚	39.1
胸　筋	33.4
大腿筋	39.8
肝　臓	96.2
胃腸管	117.3
心　臓	42.2
腎　臓	71.5
胸　腺	123.4
ファブリキウス嚢	77.2

(Klasing, K.C., 1998)

更新に影響するホルモン

　成長ホルモンとインスリン様成長因子は結合組織や筋組織において，インスリンは筋肉，肝臓，脂肪組織において，そして，プロゲステロンは妊娠動物で子宮や胎児においてタンパク質の合成を促進します．また，エストロゲンは産卵鶏の肝臓において卵黄タンパク質の合成を促進し，アンドロゲンは骨格筋のタンパク質の合成を促進して筋肉量の増加に貢献します．一方，グルココルチコイドは，タンパク質の合成を抑制し，筋タンパク質の分解を促進します．

窒素排泄のさまざま

窒素の排泄と水環境

窒素代謝の主な終末産物として，哺乳類は尿素を，鳥類は尿酸を，また魚類は軟骨魚のあるものを除いて，アンモニアを排泄します．このように，窒素代謝の終末産物が異なっているのは，その動物と生息環境の水の存在が密接に関係しているためといわれています．魚の場合，アンモニアは排泄されると直ちに周りの大量の水で希釈されて拡散し，魚に毒性を及ぼすことはありません．一方，陸上動物は，水の供給を制限される環境にいるため，アンモニアを尿素や尿酸に転換する手段を発達させることになりました．

水環境と脊椎動物の窒素排泄

動物	水環境	$(CH_3)_3NO$	NH_3	尿素	尿酸
魚類					
硬骨魚	豊富	−	+	−	−
	欠乏	+	+	−	−
軟骨魚類	豊富	−	−	+	−
	欠乏	+	−	+	−
肺魚類	豊富	−	+	−	−
	なし	−	−	+	−
両生類					
有尾類	豊富	−	+	−	−
無尾類	豊富	−	+	−	−
オタマジャクシ	豊富	−	+	−	−
カエル	良好/欠乏	−	−	+	−
爬虫類					
カメ類	豊富	−	+	+	−
	良好/欠乏	−	−	+	−
トカゲ類	欠乏	−	−	−	+
鳥類	欠乏	−	−	−	+
哺乳類	欠乏	−	−	+	−

この考えは，カエルが，オタマジャクシの時期には窒素代謝の最終産物をアンモニアの形で主に排泄し，カエルになって陸上生活をするようになると主に

尿素の形で窒素を排泄するようになることからも裏付けられます．また別な例として，肺魚が，水中で生活するときは，窒素を主としてアンモニアの形で排泄するものの，干上がった条件の下では，尿素の形で排泄するようになることがあげられます．

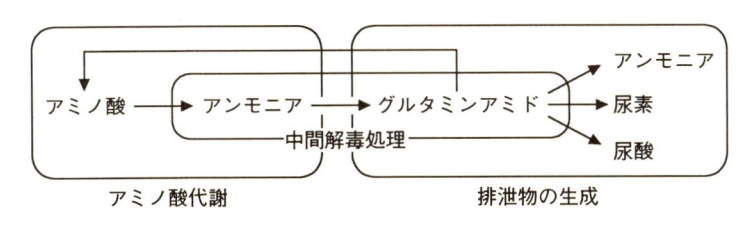

```
┌─────────────────────────────────┐ ┌──────────────────┐
│                    ┌──────────────→ アンモニア
│ アミノ酸 → アンモニア → グルタミンアミド → 尿素
│      ↑         └──中間解毒処理──┘        → 尿酸
└─────────────────────────────────┘ └──────────────────┘
         アミノ酸代謝                    排泄物の生成
```

アミノ酸窒素の排泄フロー

解毒処理のためのアミノ酸

体内でアミノ酸代謝の結果発生するアンモニアは，有毒で水に容易に溶けるため，一時的に解毒のために再利用可能なグルタミンのアミド窒素として固定され，必要に応じて非必須アミノ酸（☞「必須アミノ酸」）の合成のために利用されます．グルタミンはグルタミンシンテターゼ（glutamine synthetase）によって，アンモニアとグルタミン酸から，ATPの存在下で主に肝臓で次のように合成されます．

　　　　グルタミン酸＋ATP＋アンモニア　→　グルタミン＋ADP＋リン酸

グルタミンは，非必須アミノ酸の合成のために窒素源として利用されますが，グルタミンの形であまり多く体内に貯蔵することはできません．そこで，過剰なものは排泄系に取り込まれて，最終的には，尿中にアンモニア，尿素あるいは尿酸の形で排泄され，体から取り除かれることになります．

尿素のでき方

哺乳動物では，アミノ酸代謝の結果生じた過剰なアンモニアは，主として尿素の形で排泄されます．哺乳動物の尿素の合成は主に肝臓で行われ，その反応

は図に示した通りです．まず，アンモニアはグルタミンシンテターゼ(glutamine synthetase)の働きで中間解毒型のアミノ酸であるグルタミンのアミド窒素として固定され，次にこれと二酸化炭素，ATPから酵素カルバモイルリン酸シンターゼ（carbomoyl phosphate synthase）によってカルバモイルリン酸が合成されます．カルバモイルリン酸は，オルニチントランスカルバモイラーゼ（ornithine transcarbamoylase)の働きで，オルニチンと反応してシトルリンを生成し，シトルリンとアスパラギン酸からアルギニノコハク酸が，さらにアルギニンが生成されます．このアルギニンは，アルギナーゼ(arginase)によって尿素とオルニチンを生成します．したがって，尿素窒素2つのうち1つの窒素はアンモニア窒素に，もう1つはアスパラギン酸のアミノ基に由来します．

鳥類では，尿素生成回路の鍵酵素であるカルバモイルリン酸シンターゼを欠いているため，アルギニンの生成が必要量に対して十分でなく，アルギニンは餌として与えなければならない必須アミノ酸です（☞「必須アミノ酸」）．

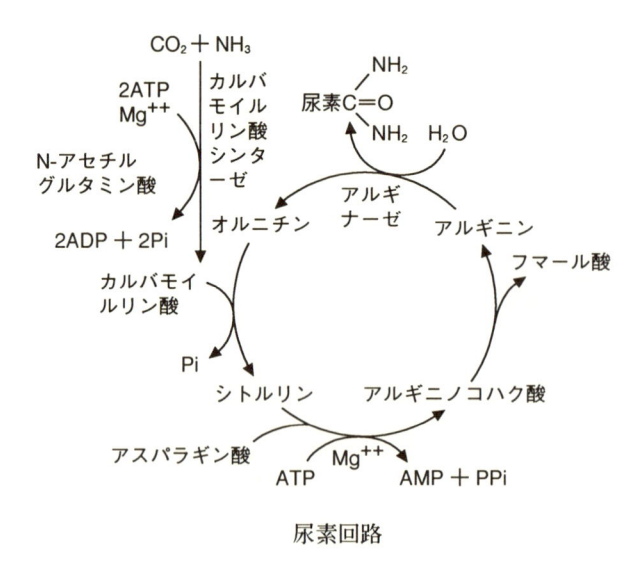

尿素回路

尿酸のでき方

鳥類や爬虫類は，窒素代謝の最終産物を主に尿酸の形で排泄します．尿酸は

尿素やアンモニアと違って水に溶けにくいため,孵卵中の卵の中に堆積しても周りの浸透圧を上昇させ,有害な影響を与えることがありません。これは,胚発生期を卵という閉鎖環境で過ごさなければならない鳥類や爬虫類にとってきわめて都合がよいのです。

尿酸のできる前の物質はプリン塩基ですから,DNAが分解するときに,これに含まれるプリン塩基から尿酸は生成されます。哺乳動物でもみられる尿酸の生成と排泄は,この系に由来するものです。鳥類や爬虫類にもこの系に由来する尿酸の生成と排泄がありますが,アミノ酸代謝の結果生じる過剰な窒素を排泄処理するための尿酸生成系は,これよりもはるかに大きく重要です。尿酸は,腎臓でも合成されますが,主に肝臓で合成されます。

尿酸の構造式と各原子の由来
1:アスパラギン酸, 2, 8:C_1ユニット, 3, 9:グルタミンアミド, 4, 5, 7:グリシン, 6:CO_2.

排泄窒素化合物の量と割合 (%)

	人	鶏
総窒素	100	100
尿　素	80	1
アンモニア	7	12
尿酸	2	58
その他	11	29

(Baldwin, E., 1971)

このように,異なる窒素の排泄形態は,家畜の生存戦略上,重要な意味を持ち,結果として,アミノ酸やエネルギー要求性に大きく影響します。これは,動物の生存環境,体内の生化学的代謝および栄養素要求性が,互いに密接に関係していることを示すよい例といえるでしょう。

反芻胃，すぐれた発酵槽

　牛が食後のひとときを，放牧場の陽だまりでゆっくり反芻している様子は，それをみている私たちに，日常の喧騒を忘れさせ，ゆったりと安らぎに満ちた穏やかな気分にさせてくれます．

　反芻とは，いったん胃に入れた食物を口に吐き戻して再び嚙み，また飲み込んで胃に戻す，この一連の過程のことをいいます．反芻を，食べものの消化過程の1つとして日常的に行う動物を反芻動物といい，これには，牛のほかに，山羊，羊，水牛，シカ，トナカイ，ラクダなどがあります．反芻の効果は，食べた食物を微細にすることによって，胃における消化を容易にし，食べものの消化率を上げることです．繊維が多くかさの多い餌が十分与えられているときの反芻時間は長く，1日当たり8〜11時間にもなります．反芻はこれらの動物に特有の胃の構造と関係しています．

発酵槽の大きさ

　反芻動物の胃は独特です．普通，私たちの胃が，食道と十二指腸の間に1つあるのに対して，反芻動物は4つの胃を持っていて，一般の胃に相当する第四胃のほかに第一胃から第三胃までの前胃を持っています．

　牛の体重は，雌のホルスタイン（乳用種）の成体で650 kgぐらいですが，胃の容積は，第一胃が200 l，第二胃が12.5 l，第三胃が17.5〜20.0 l，第四胃が17.5〜20.0 lで，圧倒的に第一胃が大きくなっています．牛や羊の第一胃から第三胃までの前胃には無数の微生物が棲息し，ここでは微生物による餌の活発な消化や発酵が行われています．そのうち，第一胃と第二胃の機能ははっきりとした区別がつけにくく，2つをまとめて反芻胃と呼んでいます．反芻胃の容積は全消化管容積の50％以上を占め，餌は此処に長時間滞留し，微生物の作用を受けることから，反芻家畜は反芻胃という巨大な発酵槽を持った動物であるということができます（☞「餌を食べる」）．

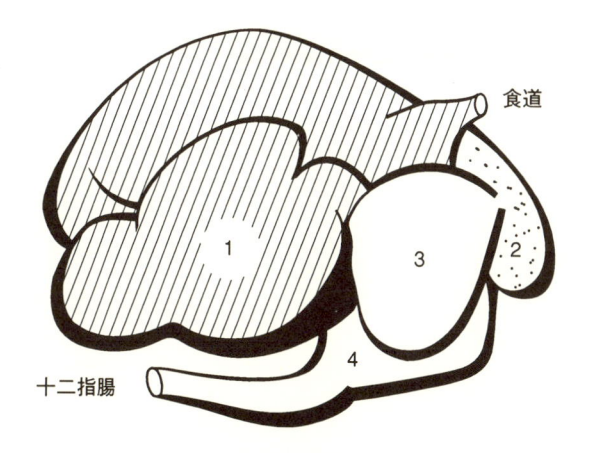

牛の胃
1：第一胃，2：第二胃，3：第三胃，4：第四胃．

反芻家畜の胃の容積比率

動物	胃の容積比率(%)				研究者
	第一胃	第二胃	第三胃	第四胃	
牛	80	5	7〜8	8〜7	Sisson and Grossman, 1953
羊	78.7	8.6	1.7	11.0	玉手, 1960
山羊	86.7	3.5	1.2	8.6	玉手, 1960

発酵槽の中をみる

　反芻胃の大部分を構成する第一胃の中をのぞくと，まず胃の1番上の層にある気体部分の強烈な臭いに見舞われます．その下に比較的長い繊維のからまったマット状の固層，さらに1番下に微細な粒子の浮遊する液層がみられます．反芻胃の中は，このように唾液や飲水に由来する水分や微生物の餌となる飼料片に富むとともに，40℃前後でpHはほぼ中性(6.5〜7.0)となっているなど微生物の発育にとってたいへん好適な環境になっています．

　唾液の分泌量は，採食や反芻に長時間を必要とする粗飼料（繊維を多く含みかさの多い餌）を食べたときに多くなり，1日当たり羊で16 l，牛で200 l にもなります．唾液そのものは，陽イオンの中ではNaイオンが多くKイオンが少

なく，一方陰イオンは重炭酸イオンやリン酸イオンを豊富に含み，強い緩衝能があります．第一胃の中で微生物は活発に代謝し，酢酸，プロピオン酸，酪酸などの酸性物質を大量に生成するため，胃内のpHは低下するはずですが，実際はそうなりません．これは胃壁からの酸の吸収とともに緩衝作用を持つ唾液のイオン効果によります．このように，唾液は反芻胃内の微生物の生育にとって適した環境を維持するのに大きな役割を果たしているのです．

第一胃の中で種々の物質の消化を助け，さらに代謝によって発酵産物を生成する微生物には細菌類，プロトゾア，真菌類があり，それらの生息密度はそれぞれ$10^{10\sim 11}$，$10^{5\sim 6}$，$10^{4\sim 5}$個/mlとなっています．これらの中でバイオマス（生物量）として細菌類が最も多く，体積の大きなプロトゾアもこれに匹敵する量になります．

細菌類についてはその働きによって，栄養学的な見地から次のように分類できます．①セルロース分解菌，②ヘミセルロース分解菌，③デンプン分解菌，④糖利用菌，⑤酸利用菌，⑥タンパク質分解菌，⑦アンモニア産生菌，⑧メタン産生菌，⑨脂肪分解菌，⑩ビタミン合成菌．

プロトゾアはセルロース，ヘミセルロース，デンプンなどの植物成分を利用することができ，タンパク質を分解することもできます．脂肪酸の不飽和化または水素添加能を持つものもみられます．

反芻家畜と微生物の関係

反芻家畜の第一胃では，微生物の働きによって摂取された栄養素の大部分は全く異なる酢酸，プロピオン酸，酪酸などの揮発性脂肪酸や微生物体タンパク質に変換されたのち，消化，吸収されて利用されます．宿主である反芻動物は，この微生物による物質変換の恩恵を受けているのですが，これは一方的なものではなく，微生物は反芻家畜が食べた餌を横取りして増殖し，自らの子孫をそれによって残しています．つまり，両者は持ちつ持たれつの共生関係にあるのです．

セルロースの分解

炭水化物の消化と代謝は，第一胃の中で2段階にわたって行われます．第1段階は微生物が分泌する酵素での単糖類（グルコース，フルクトース，リボースなど）までの消化で，第2段階はその後これらを微生物中に取り込んで行う消化です．

反芻動物における炭水化物の消化の特徴は，なんといっても，動物自身は消化できないセルロースを第一胃内の微生物の働きによって消化できる点です．反芻動物が食べる草は，成分として多くのセルロースを含んでいますが，微生物が分泌するセルラーゼおよびその他の酵素によって，グルコースのような単糖に消化されます．セルロースと同様に，動物の持つ消化酵素では消化できない，ヘミセルロース，ペクチン，ペントザン，ヘキソザンなどの構造性炭水化物も，同様に微生物の分泌酵素で低分子化されます．

微生物体外で単糖類にまで消化された糖類は，次に微生物体内で解糖回路を経てピルビン酸となり，さらに酢酸，プロピオン酸，酪酸などの揮発性脂肪酸（VFA）に転換されます．これらの脂肪酸は，第一胃壁から吸収され宿主動物のエネルギー源として利用されます．また，一部は二酸化炭素，メタンなどの最終産物になります．

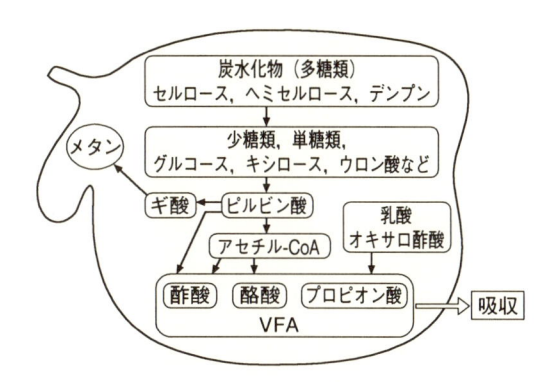

反芻胃内における炭水化物の消化概略（岡本全弘，2001）

タンパク質の消化と代謝

　第一胃に流入したタンパク質は，反芻胃内に棲息する微生物が持っているタンパク質分解酵素によって，ペプチド，アミノ酸およびアンモニアに分解されます．これらの分解産物は微生物の代謝の材料物質として利用され，微生物の体タンパク質に取り込まれます．細菌類は主にアンモニアを利用して菌体タンパク質を合成しますが，一部はペプチドまたはアミノ酸を取り込んで菌体タンパク質を合成することが知られています．第一胃へはタンパク質のほか，餌の成分の一部としてアミノ酸，アミド態窒素，核酸，硝酸，アンモニアなどの非タンパク態窒素化合物が，あるいは唾液とともに尿素が送り込まれます．前述のように，これらの非タンパク態窒素化合物は，微生物の働きでアンモニアを生成するので，微生物体タンパク質の合成のために利用されることになります．このように合成された微生物体タンパク質は，人の胃に相当する第四胃以降で，人や豚と同様に消化されます．

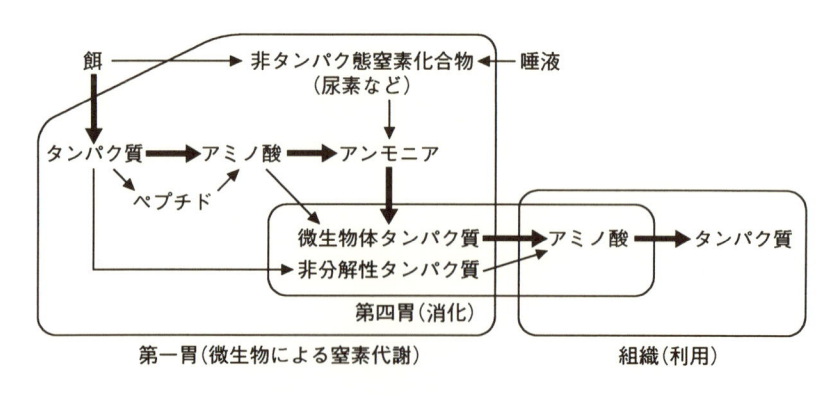

反芻胃における餌タンパク質の分解と非タンパク態窒素の利用

その他の栄養素

　餌として摂取された脂肪は，反芻胃の中で，微生物によるグリセロールと脂肪酸への加水分解を受け，発生した不飽和脂肪酸の水素添加が行われます．そ

のほか，反芻胃の微生物によって，宿主である反芻家畜の必要とする水溶性のビタミンのすべてと脂溶性のビタミンKが合成されます．

栄養の特徴

これまで述べてきたように，反芻家畜は，大きな第一胃という発酵槽を持っているため，栄養学的に人や豚と異なった特徴を持っています．炭水化物は酢酸，プロピオン酸，酪酸などの脂肪酸の形で体に入り，タンパク質は微生物の作用でいったんアミノ酸やアンモニアのような低分子化合物になり，これを利用して増殖した細菌のタンパク質が宿主の動物の栄養に寄与することになります．このため反芻家畜では，一般の動物で必要とされる必須アミノ酸を必要としません．また，微生物が水溶性のビタミンを合成してくれるため，反芻家畜の栄養でこれに配慮する必要もありません．反芻家畜は，体のエネルギー需要を満たすために，吸収した脂肪酸からグルコースを合成しなければなりません．したがって，反芻家畜においては，この代謝系が活発であること，血中グルコース濃度が人で約 120 mg/dl であるのに対し，40〜60 mg/dl と低いことが特徴になっています．

糞を食べる動物たち

腸糞, 盲腸糞

　動物を飼育したときによく観察すると, 犬, 猫, 豚, 牛, 馬, 山羊, 羊などと, 鶏, ウサギ, ライチョウ, 七面鳥との間に, 一見して大きな違いがあることに気が付きます. それは, 後者の動物は, 一般的な腸糞に加えて, 盲腸糞というものを排泄するということです. 鶏, ライチョウ, 七面鳥の盲腸糞は, 腸糞が灰緑色で繊維が多いのに対し, べっ甲色で臭気の強い粒子の細かい, べとべとしたものです. 一方, ウサギの盲腸糞は, 通常の糞と異なり, 光沢のある鮮やかな色をし, ねばねばした粘膜で包まれた柔らかい糞で, 臭いも独特で, ソフトフィーシズと呼ばれています.

盲腸糞を出す不思議

　現存する鳥の中で, 世界で1番大きなダチョウは, 体だけでなく, 盲腸も大きなものを持っています. 成体は, 太さ10 cm内外, 長さ約80 cmの盲腸を1対持っていて, この中で微生物発酵をしています. 体重当たりで盲腸の大きさを比べても, 鶏や七面鳥にひけを取りません. しかし, ダチョウを飼っていても, なぜか盲腸糞をみつけることはできません. したがって, 私たちは, ダチョウは盲腸糞を排泄しないと結論付けています (☞「草を食べるダチョウ」).

　ウサギは約40 cmの長さの大きな盲腸を持った動物で盲腸糞を排泄するのですが, 馬は同じく大きな盲腸 (容積25〜30 l) を持っているにもかかわらず, 盲腸糞を排泄しません.

　このように盲腸糞は, 単に盲腸を持っているから排泄される, というようなものではないようです.

食糞の意味

　ウサギは, 主に夜間に排泄される盲腸糞を直接肛門から食べます. ところが,

ニワトリ，七面鳥は，栄養素を摂取するという意味では，ほとんど食べないに等しいといえます．ウサギの盲腸糞は，微生物発酵の結果，通常の糞に比べて，繊維含量が低く，高タンパク質で，微生物に由来するビタミン，ミネラルを豊富に含んでいます．しかも，そのタンパク質は，餌のタンパク質を利用して盲腸内の微生物発酵で作られた良質な微生物体タンパク質で質的に改善されたものです．したがって，アミノ酸バランスがよく，利用性が高くなっています．また，ウサギの胃における植物質の可溶性炭水化物の乳酸発酵は，食糞によって摂取される盲腸内微生物が関与しているといわれています．実際にウサギの首に幅の広いカラーを装着して食糞を阻止すると，タンパク質の消化率が低下し，ビタミンB群やビタミンKの不足をきたすことが知られています．ウサギは，食糞することにより，飼料全体の消化率を6〜7％高くしています．

その他食糞をする動物としては，モルモットが有名です．モルモットはウサギのように盲腸糞を排泄しませんが，巨大な盲腸を持っていて，ここには体重の10％に相当する内容物が含まれています．この中に棲息している微生物は飼料中の繊維をよく分解し，酢酸，プロピオン酸，酪酸などの低級脂肪酸を生成しています．これらの脂肪酸は，結腸，直腸から吸収されて，主にエネルギー源として利用されますが，その量は基礎代謝量の30％にもなるといわれています．また糞食は，ビタミンB群の補給などに寄与するばかりでなく，餌のタンパク質を良質な菌体タンパク質に変換することでアミノ酸バランスの改善に貢献し，摂取する1日のタンパク質のうち，およそ25％も供給しています．

その他どんな動物でも，量の多少はあるものの糞を食べるといわれています．それは，栄養素の供給という意味よりは，むしろ，腸内環境を健全に維持するため腸内細菌の菌叢を整えることにあると考えられます．好ましい状態の菌叢を腸内に保つことは，動物の健康維持にとってきわめて大事であることが，強く認識されるようになってきました．

身体を維持する

基礎代謝とは

　動物の栄養素の要求量を求めるとき，体を維持するために必要な栄養素量と牛乳生産，産卵，成長などの生産に必要な栄養素量に分けて考えるとわかりやすくなります．生産物の正味の生産に必要な栄養素量は，生産物を化学分析し，その成分組成から計算によって容易に求められます．動物の栄養素の要求量は，維持のための要求量と生産のための要求量の和ですから，維持のための栄養素要求量を求めることができれば，最終的に動物に必要なタンパク質やエネルギーの要求量を計算で求めることができるのです．

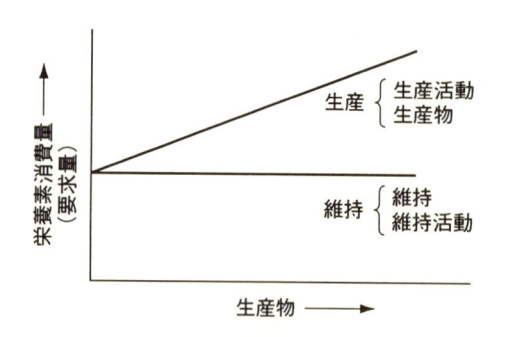

動物の栄養素要求量と生産物

　維持のための活動は，体温の維持と生命を維持するための基本的活動であり，これを基礎代謝と呼んでいます．基礎代謝には，肺の運動，血液循環のための心臓，血管運動，老廃物の排泄のための腎や泌尿器の活動，脳神経や筋肉活動などが含まれます．これらの活動のために供給（消費）される栄養素が，維持のための栄養素の必要量（要求量）ということになります．これは，餌の影響がなく，動物が生きるための基本的活動をしている絶食安静時に測定できます．

基礎代謝量を測る

　維持のために消費されている正味エネルギー量は，絶食安静時に体から発生するエネルギー量に等しく，この発生熱量を測定すれば知ることができます．測定法には，直接法と間接法の2つがあります．直接法は，動物を外界と断熱して密閉した空間に置き，動物の周りに熱の吸収体として水槽をめぐらし，動物体から発する熱を吸収して上昇した温度から，動物の発生熱量を直接測定します．一方，間接法は，動物の呼気と吸気の酸素濃度と二酸化炭素濃度を測定することによって酸素消費量と発生した二酸化炭素量を知り，それから体内で消費されている栄養素量を推定し，計算によって発生熱量を算出します．前者はたいへん大規模な施設を必要としますから小動物に適し，後者は，大，中，小，いずれの動物にも適用できます．

　基礎代謝にはいくつかの要因が影響します．その影響する要因を考慮して測定することが必要になります．その意味で，「基礎代謝量は絶食安静時に測定する」とされています．これは，生活活動や前に与えた餌のエネルギー代謝への影響がない状態を設定するという意味です．また，家畜は体温の維持のため，熱の産生をしているといってもいいほどで，一説には，維持に必要なエネルギーのうち2/3が体温維持のために，1/3が生理的な仕事のために使われているといわれます．この体温の維持のために，体の外に失われる熱量が多い場合には体内で産生される熱量を増加させ，外気温が高い場合には産生される熱量を減らし，積極的に熱を体表面から発散させるようにしています．したがって，基礎代謝は，体温を呼吸数の増加，皮膚面積の縮小などの物理的調節だけで維持できる温度域（熱的中性圏）で測定されます．基礎代謝はその他，動物の性別，年齢，産卵状態などによっても影響されます．

維持のエネルギーを求める

　基礎代謝量は動物の代謝体重に比例するといわれています．代謝体重は体重（kg）の3/4乗（動物によっては少し異なる）で求められます．多くの実験結果

をもとに，哺乳動物と鶏の基礎代謝量を求める次のような式が提案されています．

$$成熟哺乳動物 (kcal) = 70 \times W^{0.75}$$
$$鶏 (kcal) = 73.4 \times W^{0.744}$$

ここで，W：体重（kg）．

　維持に要する正味のエネルギー量は，前述の通り基礎代謝量を求めることによって得られます．しかし，実際この求めたエネルギー量を動物に餌として与える場合，餌の消化率は100％ということはありえませんから，消化率が低い分だけ餌を余分に与えなければなりません．また，動物では餌を食べることによって必然的に熱増加が起こります．熱増加は，飼料の消化や栄養素の代謝の過程で発生する熱で，この熱は，動物が寒冷の条件の中にいるときを除けば，熱の損失になります．反芻家畜ではこれが特に大きく，摂取する代謝エネルギーの7〜8％にもなるといわれています．栄養素の中で熱増加の大きいものはタンパク質で，次いで炭水化物，脂肪は最も小さくなっています．犬が維持の正味エネルギー100 kcal を得るためには，タンパク質で140 kcal，脂肪で115 kcal，炭水化物で106 kcal を与えなければなりません．

　したがって，維持に必要なエネルギーは，餌として与えるエネルギー量と体から発生するエネルギー量のバランスが平衡状態になる量を求めるか，体重変化が長期にわたって一定になる飼料のエネルギー量を求めるか（成熟した動物の場合），または同一個体の動物に維持必要量以下と思われる同一の餌を違う時期に2回給与して，熱発生量を測定して求めます．

維持のためのタンパク質量

　基礎代謝に必要なタンパク質量は，維持のために必要な正味タンパク質量に相当します．したがって，絶食安静時の動物が体タンパク質の分解と代謝の結果，最終的に尿中に排泄する窒素量を測定すれば，タンパク質必要量が求められることになります．しかし，基礎代謝時の動物は，エネルギー源として，炭水化物や脂肪のほかにタンパク質を使用していることがわかりました．これは，

尿中に排泄された窒素がタンパク質代謝とエネルギー代謝の両方に由来することを意味しています。そこで，エネルギーが充足されていれば，エネルギー源としてのタンパク質の利用は最少になり，大部分本来のタンパク質代謝に由来する窒素が尿中に現れることになります。そこで，タンパク質を除いた飼料を調製し，これを動物に与えて，尿中に排泄される窒素量から，維持のための正味タンパク質必要量を求めています。さらに，これにタンパク質の利用率を加味して求めれば，実際の維持のための給与量が得られます．

— 餌の一般成分，一般分析 —
餌は栄養素を1種類以上含み有害物質を含まない物質のことをいうが，一般には多くの成分よりなっている．それらのうち類似したものを栄養学的，化学的に分類して，水分，粗タンパク質，粗脂肪，可溶無窒素物，粗繊維および粗灰分にまとめ，これらを餌の一般成分あるいは6成分と呼んでいる．
粗タンパク質とは，一般にタンパク質が平均して16％の窒素を含むことから餌中の窒素量を測定してこれに6.25（＝100/16）倍して得られるもののことをいい，これにはタンパク質に由来しない窒素も含んでいる．粗脂肪は，乾燥した餌からエーテルで抽出されるもののことで，これには真の脂肪のほかに脂肪酸，ロウ，色素などが含まれる．粗繊維は，餌を弱酸および弱アルカリで一定時間煮沸して溶解するものを除き，さらにエーテルとアルコールに可溶な物質を除去してから粗灰分量を差し引いて求めるため，繊維のほかにリグニン，ペントザンおよびヘミセルロースを含む．粗灰分は餌を焼いたときに残る成分のことをいう．餌の成分のうち，水分，粗タンパク質，粗脂肪，粗繊維および粗灰分以外のものを可溶無窒素物といい，これにはデンプンやその他の糖類が含まれる．

維持のための餌，生産のための餌

　家畜が食べる餌には，牧草から穀物まで，草本から木本，また動物性から植物性のものまで，多種，多様なものがあります．これらの餌を，動物は必要に応じて，本来は本能的に選択して食べていたのですが，家畜は，成長，産卵，産乳などの効率的な生産のため，過不足なく必要な栄養素をとるように飼料を与えられています．効率のよい，経済的な生産のためには，飼料を給与するに当たって，家畜の栄養生理上の特徴をよく理解するとともに，飼料の特徴をもよく理解し，適切に与えることが必要なことです．

粗飼料と濃厚飼料

　餌のうち粗飼料といわれるものは，容積が大きく，粗繊維の含量が多く，消化される養分量の少ないものであって，家畜に満腹感を与え便通をよくするものとされています．草食性の家畜は，反芻家畜に限らずこの粗飼料が必ず必要です．これには，水分含量の多いものとして生の牧草，青刈りトウモロコシなどがあり，水分含量が少なく粗繊維の多いものとして乾草，ワラなどがあります．一方，濃厚飼料は，対照的に，容積が小さく，粗繊維含量が少なく，消化

粗飼料と濃厚飼料の成分

飼　料	水　分	粗タンパク質	粗脂肪	可溶無窒素	粗繊維
粗飼料					
生　草					
イタリアンライグラス	83.1	3.1	0.8	7.9	3.3
赤クローバー	82.7	3.9	0.8	7.2	3.7
乾　草					
イタリアンライグラス	11.9	18.5	3.3	32.3	22.4
赤クローバー	15.7	13.3	2.3	36.5	25.5
濃厚飼料					
魚　粉	10.7	67.1	5.6	0	0.3
大豆粕	13.0	45.8	1.4	29.2	4.8
トウモロコシ	13.4	9.4	4.1	70.2	1.6

（森本　宏，1968）

できる養分量の多いもので,例えば,穀類,大豆粕などの油粕類,ぬか類,魚粉などがあります.

餌のエネルギー

餌の内部エネルギーを総エネルギーと呼び,これは燃焼熱に等しくなっています.したがって,総エネルギーを知るには燃焼した際の発生熱量を測定すればよいことになります.測定は爆発熱量計で行います.炭水化物,タンパク質および脂肪の平均燃焼熱(総エネルギー)は,それぞれ 4.1, 5.6, および 9.4 kcal (/g) です.しかし,これらの栄養成分間の差にもかかわらず,いろいろな飼料の総エネルギー価は,一般に変動が少なく,平均約 4.4 kcal (/g) です.

食べた餌の総エネルギーのうち,消化されずに排泄されたエネルギーを差し引いたエネルギーを可消化エネルギーと呼び,さらにこれから尿およびガスとして失われるエネルギーを差し引いたエネルギーを代謝エネルギーと呼んでいます(☞ p.70「総・可消化・代謝エネルギーの関係」).したがって,代謝エネルギーがほぼ体の中で利用できるエネルギーということになります.また,総エネルギー中の代謝エネルギーの割合(代謝率)が高いものほど利用性の高いエネルギーが多く含まれていることを示し,代謝率が低い場合には,たとえ総エネルギーが高い場合であっても,利用性の低いエネルギーが多く含まれていることを意味しています.一般的に,総エネルギーに差はなくても,トウモロコシ,大麦などの濃厚飼料の代謝率は高く,乾草などの粗飼料は低くなっています.

代謝エネルギーの効率

豚の成長のための代謝エネルギーの利用効率は,70％であることが知られています.鶏の成長のための代謝エネルギーの利用効率は,60〜80％の範囲にあり,バランスの取れた飼料では 70％ に近いといわれています.反芻家畜の場合は,この効率は非常に大きく変動し,豚や鶏より約 10％ 低い,60％ 未満です.特に粗飼料を主に与える場合,良質のライグラスの乾草は 50％ より高いくらいで

すが，小麦わらでは20％程度の低い効率です．

　反芻家畜の成長のために利用される代謝エネルギーの効率が低いのは，飼料の代謝エネルギーの一部が発酵熱として失われることに原因があると説明されています．濃厚飼料を与えたときの豚と牛の間にある代謝エネルギーの効率の差10％は，これに起因するものと思われます．しかし，麦わらのような低質粗飼料を給与したときの代謝エネルギーの利用効率が20〜40％と低いのは，これでは説明できません．その理由として一時考えられたのが，「第一胃内における炭水化物の発酵産物は濃厚飼料を与えたとき，代謝エネルギーの利用効率の高いプロピオン酸の割合が高く，粗飼料を与えたときはその効率が相対的に低い酢酸が多くなり，これらがエネルギー源として利用されるためである」とするものでした．しかしその後，第一胃内の発酵に類似した酢酸，プロピオン酸，酪酸の混合物でこの代謝エネルギーの利用効率を調べると，濃厚飼料と粗飼料の場合とでそれほど差がないことが判明し，前述の説は成り立たなくなりました．現在は，咀嚼や消化に多くのエネルギーを消費することと，門脈内臓系における吸収時の熱の産生（熱増加と呼ばれる）が大きいためであると考えられています．

維持のための粗飼料，生産のための濃厚飼料

　餌の総エネルギーに占める代謝エネルギーの割合（代謝率）が0.4から0.7まで変化するときの，維持のためと成長のための代謝エネルギーの利用効率を図に示しました．代謝率0.4の飼料は一般に牧草で，0.7の飼料は大麦のような濃厚飼料に相当します．

　維持のための代謝エネルギーの利用効率は0.6から0.75までで，成長のための0.32から0.55までの値よりも常に高くなっています．これは，成長のために使われる代謝エネルギーの利用効率が，維持のために使われる代謝エネルギーの利用効率より低いことを示しています．そして，その差は粗飼料給与時に大きく，濃厚飼料給与時には小さくなっています．また，維持のためと成長のための利用効率はともに，飼料のエネルギーの代謝率が増加するにつれ上昇

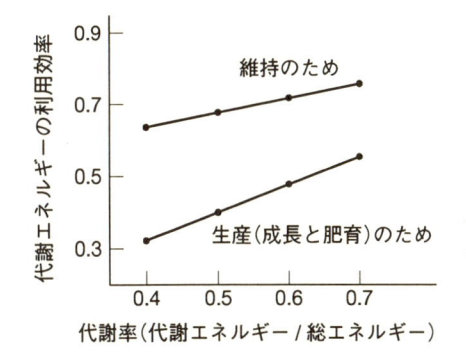

牛の維持と生産のための代謝エネルギーの利用効率
（英国 ARC，1980）

し，その増加率は成長のための利用効率の方が高くなりました．

　反芻家畜を飼養するとき，粗飼料を体の維持ためのエネルギー源として与え，生産のためには濃厚飼料を与えることが合理的である根拠は，ここにあります．

— 可消化成分量，消化試験 —
消化率は餌の栄養学的な評価によく用いられる（☞「栄養があるとはどんなことか」）．餌の成分の量とそれぞれの消化率に基づいて，可消化乾物量（水分を除いた一般成分の総和を乾物といい，その可消化部分），可消化粗タンパク質量，可消化粗脂肪量，可消化可溶無窒素物量，可消化粗繊維量，可消化エネルギー量，可消化養分総量（TDN＝可消化粗タンパク質＋可消化粗脂肪×2.25＋可消化可溶無窒素物＋可消化粗繊維）などの値が得られる．これらの値は体の中でのそれぞれの成分の利用可能な量を示していて，飼養標準に基づいて家畜の餌を調製する際には必ず求めなければならない．消化率を計算するためには，摂取成分量のほかに糞中に排泄される成分量を知るため消化試験をする必要がある．それには消化試験期間中の全部の糞を採取して分析する全糞採集法，酸化クロムなどの不消化物を指示物質として少量混合して給与し，一部採取した糞中の指示物質に対する成分量の比の減少から間接的に消化率を求める指示物質法，およびタンパク質やデンプンに用いられる簡便で迅速な人工消化試験法がある．

食物繊維も大切だ

なぜ食物繊維か

　栄養素が人やその他の動物に欠くことのできない物質であることから，当然のことながら，栄養学における関心と研究の多くは栄養素に関する課題に集中してきました．ところが，食物を食べる行為は，望む，望まないにかかわらず，栄養素をとることとともに，非栄養素といわれる物質をも同時に体の中に取り込むことになります．したがって，栄養素の利用性や代謝を考えるうえで，栄養素と非栄養素の相互作用や，非栄養素が生体に与える栄養的・生理的効果を考慮しないで，本当の意味での栄養素の栄養を考えることはできません．植物性の食物に含まれる繊維は，例えば乾物量当たりで，トウモロコシ，小麦などの穀類はそれぞれ2％，2.6％と少ないのですが，大豆では5％，大根，ニンジン，えんどう豆ではそれぞれ9％，9.2％，9.8％，カボチャは15.3％と多いものもあります．このように，食品によってかなりばらつきがあるものの，無視できないほどの繊維が食物には含まれています（註：ここ示した値は粗繊維であり，食物繊維は1.4〜3.0倍の値）．食物繊維は，エネルギー源としては利用されず，消化器官に負担をかけ，栄養素の利用を妨げる物質であると，従来みなされてきました．しかし，1970年以降，食物繊維は多岐にわたる栄養生理的効果を持っていることが明らかになるにつれて，非栄養素の栄養学における代表的なものとして注目されるようになり，多くの研究が活発に行われるようになりました．

食物繊維とは

　食物繊維という言葉をここでは使いますが，学問的にいうと，ここでいう意味の用語の使用には，今なお多くの混乱があります．人間の栄養において一般に広く使われているという意味で，ここでは食物繊維という言葉を"人の消化酵素で消化されない食物中の難消化性成分すべて"を指して使っています．食

物繊維には，植物性のものとして最も多いセルロース，ヘミセルロース，ペクチン，ガムなどの植物性多糖類，海藻多糖類およびリグニンが，そして動物性のものとしてキチンが含まれます．

しかし，畜産栄養学者は，この用語の，このような意味での使用に同調していません．その理由は，ヘミセルロースなどはかなりの草食性家畜で，セルロースについても反芻家畜やダチョウなどの走鳥類で，腸管内の微生物によって50％以上も消化され，利用されるため，食物繊維のこれらの成分はかなり栄養素的であるといえるからです．そのような視点から，植物細胞壁の成分分析のために，Van Soest (1963) は，酸性デタージェント成分（ADF；セルロース，リグニンを含む）と中性デタージェント成分（NDF；セルロース，ヘミセルロース，リグニンを含む）として分析する方法を提唱しました．この方法は，畜産栄養の方面では現在もよく使われています．

食物繊維の効用

最近の日本における米と植物性タンパク質の消費量の減少は食物繊維の摂取量の減少を伴い，畜産物の消費量の増加は動物性油脂の摂取量の増加を招き，日本型食生活が急速に崩れつつあることをはっきり示しています（☞「暮らしを支える動物たち」）．これは，日本人に大腸疾患が増加していること，生活習慣病が増えていることと，疫学的によく符合しています．

食物繊維は，胃では食物が留まる時間を延長し，食物の小腸への移動を遅くし，排便回数と便量を増加させます．さらに，食物繊維は，消化管における物質の拡散を阻害したり，特定物質を吸着したり，あるいは消化酵素活性や腸管運動へ影響するなど，多彩な効果が知られています．一般的に知られている食物繊維の生理作用は，血清や肝臓コレステロール濃度の上昇抑制効果，食物繊維に吸着した胆汁酸の糞便中への排泄量の増加，血糖上昇抑制効果，および食餌性有害物質の毒性を阻止する効果などです．

どちらかというと，生理作用は食物繊維の有用性だけが強調される傾向があります．しかし，食物繊維はビタミン，アミノ酸，ミネラル（カルシウム，鉄，

亜鉛，マグネシウムなど）などの栄養素をも吸着する作用を持っています．有用な作用とともに，負の作用もあることを念頭に入れておくことが必要です．

　また，ここで強調したいのは，食物繊維をまとめて，一口にその作用や効果をいうことの危険性です．前述のように，食物繊維を構成する物質は多種類あり，その物理化学的性質もいろいろあるため，動物に及ぼす生理効果，作用も，物によっては全く反対で，異なっていることがたびたびあります．したがって，この種の話をするときは，正しく食物繊維の物質を限定して論議をしないと，内容が不正確になるばかりか，場合によっては誤りを犯すことになってしまいます．

血中コレステロール改善効果

　鶏，人，ラットなどでは，血液中のコレステロールの上昇は，食物繊維に富むエンバク外皮，玄米，米ぬか，豆類，アルファルファ，クロレラ，緑藻類，酵母などの餌を与えることによって抑制されます．また，穀物，野菜，果物からの食物繊維の混合物を糖尿病患者に与えると，32％も血清コレステロール値が低下する例も報告されています．さらに，食物繊維の成分の効果についての検討も行われています．ペクチン，コンニャクマンナン，グアーガムなどが，ラットの血清，肝臓コレステロール濃度の上昇を抑制するのに対し，セルロース，キシラン，イヌリンなどは全く効果が認められません．また，動物種によってその効果も違ったものになります．ペクチンは鶏，人，ラットではコレステロール抑制効果がありましたが，豚では血清と肝臓の濃度が逆に上昇しました．これは，血清，肝臓コレステロール濃度に対する食物繊維の有効性の有無も，その詳細も，食物繊維に含まれる物質や与える動物種によって異なることを示しています．したがって，私たちは食物繊維による生理作用の有効性の有無，内容を語るとき，その成分と対象とする動物が何であるか正しく認識してから始めるべきでしょう．

重要視されるようになった食物繊維

　乳牛の能力が高くなって，最近では，高泌乳牛は年間乳量が 10,000 kg になるものも珍しくなくなってきました．この高泌乳牛を飼養するとき栄養上最も重要な問題は，乳牛が食べる飼料の量には限界があり，必要な栄養素量をとることができないということです．したがって，与える飼料は，高エネルギー（可消化養分総量で 75% 前後）で，タンパク質の含量を 17% ぐらいにすることが望ましいとされています．飼料のエネルギー含量を高めると，繊維の含まれる量が減ることになります．粗繊維の摂取量の減少は唾液の分泌量を少なくし，第一胃の pH を低下させ，ルーメンアシドーシス，第四胃変位などの消化障害や食欲減退を引き起こす原因にもなります．また，第一胃の発酵産物である酢酸が減少し，牛乳の脂肪率の低下もみられます．そこで，高泌乳牛では，飼料中に 17% 以上の粗繊維含量が推奨されています．

　鶏で餌の粗繊維の必要性を調べた結果では，粗繊維を全く含まない場合や，過度に含む場合と比べ，3〜5% を含むときに栄養素の利用性が最も高くなりました．

　アルファルファ乾草中の粗繊維は，牛，羊，山羊，馬では 41〜44% が，豚で 22%，モルモットでは 33% が消化されるといわれています．繊維の消化は微生物によって，反芻動物では第一胃，馬，豚，モルモットなどでは盲腸，結腸，直腸で行われます．生成された酢酸，プロピオン酸，酪酸などの脂肪酸は，吸収されてエネルギー源として利用され，ウサギではそれが維持エネルギーの 12〜40% にもなると見積もられています．

必須アミノ酸

必須アミノ酸だけでは育たない

　動物は栄養素としてタンパク質を毎日摂取する必要があります．それは，絶えず合成と分解を繰り返している体タンパク質の合成に，餌のタンパク質のアミノ酸が必要だからです．そのためには約20種のアミノ酸が必要とされます．その中には体の中で合成できるアミノ酸もあるので，全部をその通り餌として与える必要はありません．動物が体内で合成できないか，合成できるとしても，動物の最大成長のために必要とされるアミノ酸，すなわちRose (1938)が定義した必須アミノ酸（不可欠アミノ酸），これだけは必ず必要量を与えなければなりません．一方，餌として必ずしも与える必要のないアミノ酸が非必須アミノ酸（可欠アミノ酸）です．

　では，餌のタンパク質源として必須アミノ酸だけあれば，動物は望ましい生産と成長ができるのでしょうか．答えはノーです．非必須アミノ酸を作る材料としてのタンパク質（アミノ酸）も併せて給与されなければなりません．

必須アミノ酸のない動物

　牛，山羊，羊，シカ，ラクダなどの反芻動物の第一胃では，細菌や原虫類の働きによって餌のタンパク質は低分子化され，アミノ酸，さらにはアンモニアにまで分解されます（☞「反芻胃，すぐれた発酵槽」）．発酵されやすい良質な炭水化物の存在下で，これらは微生物の増殖のために利用されます．この微生物体タンパク質が第四胃以降で消化され，アミノ酸として小腸から吸収されます．このように，反芻家畜では，餌のタンパク質はいったん微生物体タンパク質に変換され，利用されます．したがって，反芻家畜の栄養は，合成された微生物体タンパク質のアミノ酸組成に左右されることになります．この微生物体タンパク質のアミノ酸は，宿主である反芻動物の要求量に適ったものでたいへん良質です．そのため，単胃の動物のように反芻動物には必須アミノ酸を給与する

必要はありません．しかし，抗生物質や抗菌剤を給与するなどして第一胃における微生物活動を抑制するような場合は，必須アミノ酸を給与する必要があります．

動物により異なる必須アミノ酸

いろいろな動物の必須アミノ酸を表に示しました．この表から明らかなように，必須アミノ酸の多くは動物間で共通しています．

いろいろな動物の必須アミノ酸

	人	ラット	豚	犬	猫	鶏
リジン	○	○	○	○	○	○
アルギニン	×	△	△	△	○	○
ヒスチジン	△	○	○	○	○	○
グリシン	×	×	×	×	×	○
バリン	○	○	○	○	○	○
ロイシン	○	○	○	○	○	○
イソロイシン	○	○	○	○	○	○
トレオニン	○	○	○	○	○	○
メチオニン	○	○	○	○	○	○
フェニルアラニン	○	○	○	○	○	○
トリプトファン	○	○	○	○	○	○
プロリン	×	×	×	×	×	△

○：必須，△：成長期のみ必須，×：非必須．

鶏は尿酸排泄性動物であるため，尿酸生成の合成は活発です．しかし，鶏では尿素生成系酵素の一部は，腎臓にあるものの肝臓にはないため，尿素生成が低調です．したがって，尿素生成回路で合成されるアルギニンの合成量は，鶏に必要とされるだけ十分供給されません．これが，鶏でアルギニンが必須アミノ酸になっている理由です．また，尿酸のプリン塩基の合成には，必ず1分子のグリシンが必要です．鶏はアミノ酸代謝の結果，窒素を尿酸として排泄するため，哺乳類と比べて尿酸生成が活発で，そのため絶えずグリシンを消費しています．したがって，鶏ではグリシンも必須アミノ酸になっています（☞「窒素排泄のさまざま」）．

反芻家畜の餌

その1．バイパス飼料

変貌した家畜飼育

　反芻家畜の第一胃での微生物による餌の消化は，他の動物で利用できない木化した牧草，野草，木の葉，あるいは枯れ草や葉といった低質飼料を利用するうえで，たいへん大きな役割を果たしてきました．低質な餌から肉や乳などの良質な動物性タンパク質を供給する反芻家畜は，今でも遊牧の民にとって欠かせない重要な存在です．

　一方，先進国における酪農は，乳牛1頭当たりの搾乳量がかつて年間3,000～4,000 kgであった時代から，最近では年間10,000 kgも珍しくない時代へと様がわりしました．これは，技術革新と乳牛の改良の成果が目覚しいものであることを示すよい例です．経営上の利益を確保し，さらに利益を高めるためには，1頭当たりの泌乳量を高めることが必要だったからで，現状は必然の結果といえましょう．これに伴って，高泌乳牛は高品質の飼料や高度な飼養管理技術を要求するようになりました．飼料のバイパス化技術はそれに答えた1つです．

バイパス栄養素の必要性

　牛では代謝に必要なタンパク質を，第一胃で餌のタンパク質から微生物タンパク質に変換して利用しています．ところが，生産性の向上（成長や乳量の増加）に応じて餌のタンパク質を微生物体タンパク質へ変換する能力には限界があることがわかりました．図に牛の維持および生産に必要な代謝性タンパク質に対する微生物体タンパク質の貢献度を示しました．体重500 kgで1日の泌乳量が30 kgの場合，第一胃で合成される微生物タンパク質は代謝タンパク質の維持要求量の75%を供給できますが，生産のための要求量の37.5%しか供給できません．さらに，高泌乳牛（50 kg/日）では，生産要求量の33%を微生物タ

ンパク質が充足するに過ぎず，充足率は低下します．もちろん，微生物体タンパク質の供給量もこの時点で増えますが，とても生産のための必要量の増加には追いつきません．したがって，その不足分を，第一胃をバイパスして第四胃に到達するタンパク質で補うことが，高泌乳牛であればあるほど必要になるというわけです．このタンパク質を特にバイパスタンパク質と呼んでいます．

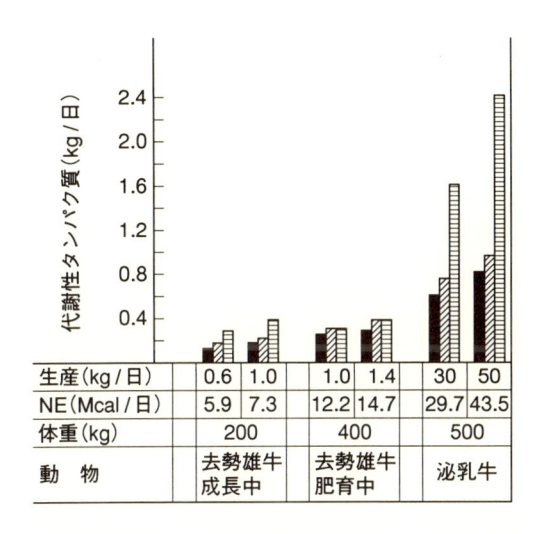

生産(kg/日)	0.6	1.0	1.0	1.4	30	50
NE(Mcal/日)	5.9	7.3	12.2	14.7	29.7	43.5
体重(kg)	200		400		500	
動物	去勢雄牛成長中		去勢雄牛肥育中		泌乳牛	

牛の維持および生産に必要な代謝性タンパク質に対する微生物の貢献
■：反芻胃微生物による供給，▨：維持要求量，▤：生産要求量．

　高泌乳牛の場合には，エネルギーも多量に必要になります．その補給のためには高エネルギー含量の脂肪が最も効果的です．しかし，多量の脂肪を給与すると，第一胃内の微生物叢は悪影響を受け，第一胃の発酵の障害が起こります．そのような悪影響を起こさないで目的を達成する方法として，バイパス脂肪が考えられました．
　第一胃での微生物によるデンプンの急速な発酵によって，一時的に大量に発生する脂肪酸は，第一胃液のpHを低下させて発酵環境を攪乱します．これを防止し，高泌乳牛の乳生産に必要なエネルギーをグルコースとして供給するため，第一胃を素通りして四胃以降に送ることのできる餌のデンプンを，バイパスデ

ンプンと呼んでいます．

バイパス化する

　タンパク質はホルムアルデヒドの処理で不溶性になりますが，この不溶物は第四胃内の酸性条件で再び可溶化され，化学的消化を受けることができます．クローバとイネ科の混合牧草を，タンパク質100g当たり4gのホルムアルデヒドで処理すると，羊の小腸内で消化される窒素が2倍近くに増加し，羊毛生産量が15%増加するといわれています．サイレージ（牧草，青刈りトウモロコシなどを乳酸発酵させたもの）またはその原料をホルムアルデヒドで同様に処理した場合，同じような効果が得られます．

　加熱処理は，糖のアルデヒドとタンパク質の遊離アミノ基の結合（マイラード反応）を促進し，第一胃内での分解を低下させることができます．綿実粕を120℃，60分間加熱処理したものは，増体量と飼料効率が高くなります．

　また，餌に，全血，アルブミン，卵白，ホエイのような微生物消化を受けにくいタンパク質溶液を噴霧し，乾燥させてバイパス飼料を作ります．大豆粕またはラッカセイ粕に全血を加え100℃で乾燥したものは，第一胃における分解量が1/5にまで低下し，4/5が第四胃に到達して消化を受けます．

　脂肪は，長鎖飽和脂肪酸の融点が高いことを利用してバイパスさせるもの，ま

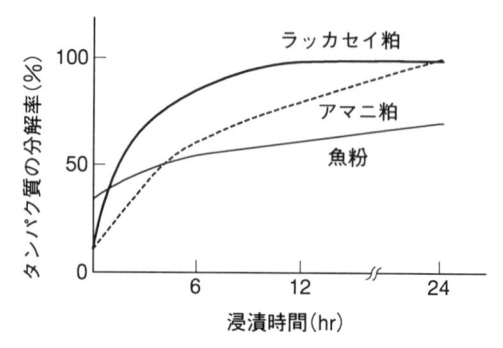

タンパク質によるバイパス率の違い（Φrskov, E.R., 1982から作図）
タンパク質を微生物透過性のナイロン製袋に入れ第一胃内に放置したのち，回収して分解量を測定した結果で，分解の遅い魚粉はバイパスしやすいが，ラッカセイ粕は最もバイパスしにくく，アマニ粕は両者の中間であることを示す．

た，脂肪酸をカルシウムと結合させる方法があります．現在広く用いられているものは，脂肪酸カルシウムで，パーム油を原料とするものが主流ですが，米油・大豆油・ヤシ油混合物を原料にした製品もあります．乳量増加，繁殖成績や乳脂率の改善が期待できます．

高泌乳牛では，泌乳初期にアミノ酸が不足しやすくなります．そこで，不足しやすいアミノ酸を効率的に供給するためには，第一胃で微生物の作用を受けずに吸収部位である小腸にそのままの形で到達することが必要になります．これをバイパスアミノ酸といい，アミノ酸を脂肪酸や炭水化物で化学的，物理的に被って加工したもので，現在，メチオニンとリジンが実用化されています．

バイパス化処理をやり過ぎると，第四胃以降での消化が阻害され，かえって消化率が低下することがあるから注意が必要です．

その2．尿素の給与

尿素飼料の開発

この技術の開発の目的は，バイパスタンパク質の開発の発想とは逆に，反芻家畜の第一胃におけるタンパク質の消化生理機能を積極的に利用し，飼料費の節減をはかろうというものです．反芻家畜は，摂取した餌のタンパク質を第一胃の微生物発酵によってアミノ酸やアンモニアを経由して微生物体タンパク質に変換し，これを第四胃以降で消化，吸収して利用しています．したがって，窒素源としてのアンモニア，エネルギー源，アミノ酸の合成に必要な硫黄などが存在すれば，微生物はこれを利用して増殖し，アミノ酸組成のよい微生物体タンパク質を合成することができます．

利用できる非タンパク態窒素化合物

使うことのできる非タンパク態窒素化合物は，尿素，ビューレット，ジウレイドイソブタンなどがあります．理屈のうえでは，酢酸アンモニウムなどのアンモニウム塩も利用できることになりますが，第一胃で急激に分解してアンモニアになってしまうので，微生物によるアンモニアの利用が追いつきません．そ

のため，過剰のアンモニアは胃壁から急激に吸収され血中のアンモニア濃度を異常に高くし，アンモニア中毒を起こすことになります．このように，アンモニウム塩の給与はアンモニア中毒で，家畜を殺してしまいかねません．他の非タンパク態窒素化合物を飼料として利用する場合にも，第一胃内で分解して発生するアンモニアの量と利用されて消失するアンモニアの量がほぼ等しくなることが，中毒を未然に防ぐための基本的条件です．

よりよく利用するために

それでは，非タンパク態窒素化合物を牛の飼料として安全に，より効率的に利用するには，どうしたらよいのでしょうか．

まず，牛の年齢が重要です．非タンパク態窒素化合物を飼料に利用するためには，第一胃が十分発達していて，微生物がアンモニアを利用して増殖できる状態でなければなりません．わが国の飼料の公定規格では，牛は6カ月齢以後から尿素を添加した飼料を用いることができることになっています．

次に，飼料への配合割合を適切にすることが大事になります．牛用飼料の尿素添加量の限界は2%です．また，尿素添加飼料は，小分けして与えることにより，第一胃内におけるアンモニアの急激な発生を避けることができます．発生したアンモニアの消費のためには，これを利用して微生物が活発に増殖することが必要です．そのためには，微生物の増殖のためにエネルギー源として，発酵しやすい良質の炭水化物を同時に給与することが必要です．また，尿素のような非タンパク態窒素化合物が牛に利用されるためには，飼料のタンパク質含量が必要量より少なくなければなりません．十分量のタンパク質が飼料に含まれていると，第一胃内で発生するアンモニアは過剰になります．過剰分のアンモニアは第一胃壁から吸収され，解毒のために肝臓で尿素に合成され，利用されずに排泄されることになります．

その3．低質粗飼料の高度利用

背景と原理

日本おける低質粗飼料の代表的なものには稲作の副産物である稲わらや籾殻(もみがら)があり，これらの有効利用は資源の利活用の点からも十分検討されなければなりません．また近年は，米の過剰から転作水田への飼料米栽培が奨励されるなど，稲わらの飼料としての利用を促進する有効な技術の開発が求められています．この事情は刈取り適期を逃した低質乾草の利用についても同様です．

わらや収穫適期を逃した飼料作物は，木化のため茎はリグニン質に覆われ，これが飼料の消化を著しく悪くしています．しかし，リグニンはアルカリに溶解する性質があるため，これらの粗飼料をアルカリ処理することで消化率を改善することが可能です．この処理によって消化率は最大2倍程度に増加します．

処理の方法

10 kgの切わらに対して1 kgの消石灰を80〜90 l の水に溶かした溶液に2〜3日放置し，水洗いののち乾燥したものを家畜に与えます．これは廃液の処理と労力に難点がありました．また，乾燥わらにその重量の10％に相当する40％水酸化ナトリウム溶液を添加，混合したのち，ペレットあるいはコンパクトベール（乾草などを圧縮して塊にしたもの）にする方法がデンマークで開発されました．

アルカリ処理法の中で最も普及している技術は，アンモニア処理法です．水分15〜60％のコンパクトベールをすのこ板の上に置き，ビニールシートで被ったあと，これに乾物当たり2〜3％のアンモニアをボンベからホースですのこ板の下に導入します．よい品質のものを得るにはアンモニアガスを均一に拡散させることが必要で，そのためには最低，夏季で1週間，冬季で8週間かかります．家畜に給与する前にアンモニアを揮散させますが，残存していても反芻動物にとっては反芻胃内の微生物の増殖に利用されるため有益です．しかし，日本では現在，安全面からアンモニア処理を控えるよう指導されています．

飲まず食わずのラクダ

生態系にかなったラクダ

　砂漠の重要な家畜にラクダがあります．"金と銀との鞍置いて旅のラクダが行きました"と，歌われる"月の砂漠"でおなじみのラクダは，砂漠の交通手段として有名ですが，肉，ミルク，皮，毛などを生産する家畜でもあります．また，別の用途として，ラクダレースの競争用にも利用されます．

　砂漠という苛酷な環境の中で生き抜くラクダには，生存のために数々の生理的適応の戦略がみられます．水分代謝における巧妙な仕組みと，砂漠の高温に対する防御体制，長期にわたり飼料摂取がなくても耐えられる代謝上の工夫など，他の家畜ではみられない特徴がラクダにはあります．

　また，ラクダは木本科の若葉，新芽，小枝から草本科まで幅広く摂取しますが，草地や飼料木の良否に関係なく，1つの草，木から摂食するのは数回で，飼料を求めて広範囲に移動する性質を持っています．自由放牧しても，決して草地を過度に食い尽くすことなく，草地や木々の再生力を残して食べるラクダは，生態系と調和した家畜飼育にかなった動物といえます．

飲まずに17日間のラクダ

　ロバとラクダは同じように，水の補給なしで長期間耐えられるため，砂漠では重要な交通手段として人々の生活に欠くことのできない家畜です．しかしラクダは，ロバが4日ごとに水を飲まなければならないのに，17日間も水を飲まずに歩き続けることができます．

　砂漠の夏は，気温が48°C以上にもなります．このような場合，人は体温調節のため1時間に1.1 l 以上の汗を発散しないと生きていられません．この状態で人は，体重の5％以上の水を失うと体の状態が悪くなり，それによって知覚が混乱し判断力を失い，10％の水を失うと，精神錯乱，難聴，知覚の麻痺が起こり，熱射病で死んでしまうといわれています．体が水分を失うにつれて，血液

は濃くなり，粘度が増しますから，血液を送り出す心臓には大きな負担がかかります．血液の循環が悪くなれば，物質代謝の結果発生した熱は皮膚表面から発散できなくなり，体の内部の温度は急上昇してしまいます．

しかし，ラクダは驚いたことに，体重の25%に相当する水分，つまり体の水分の1/3を失っても，なお生きて動き回ることができるのです．このとき失われた約100 kgの体重は，20分程度のうちにそれに相当する量の水を飲み干すことで，少なくとも外見上回復することができます．暑さの厳しい環境の中で，ラクダは，どうしてこのようなことが可能なのでしょうか．

体温をかえ，熱負荷を軽くする

ラクダは体温を変化させて，体にかかる熱の負担を和らげています．一般には，ラクダは体温の一定な恒温動物であるとみなされていますが，厳密な意味では変温動物といえるのです．砂漠の涼しい夜間に体温を正常より低く下げ，夜明け前には34℃以下にします．そして，日の出とともに上昇する気温に少し遅れて体温は40℃に達し，発汗が必要な頃には1日がほとんど終わっています．涼しい冬季には1日の体温の変動は2℃程度ですが，夏季の暑い時期には，このように1日のうちに6℃も変動して体にかかる熱の負担を軽くしているのです．しかし，夏でも水を自由に飲めば，体温の変動は約2℃で済むということですから，なんともうまくできている体です．

尿を出さないラクダ

ラクダは汗をあまりかかないうえに，尿を少量しか排泄しません．体重400〜700 kgもあるあの大きな体で，排泄する尿量が夏には1 l 程度ということもあるのです．このように，尿量を調節することによっても体からの水分消失を防いでいます．

ラクダはタンパク質代謝の結果，窒素化合物を尿素として尿中に排泄しなければなりません．この尿素の排泄には水が必要で，尿素が多くなればそれだけ多量の水が要求され，多くの水分が体から尿として失われます．ラクダは，植

物の発育の悪い夏には，固く，水分含量の少ない刺のある植物を食べざるをえません．これはタンパク質の含量も少ないので，ラクダはタンパク質不足になります．しかし，ラクダは幸いなことに，窒素代謝の結果生成される尿素を回収し，利用するシステムを持っています．まず，生成された尿素を血液や唾液を介して，微生物発酵の活発な第一室に取り込みます．その後，微生物ウレアーゼで分解されたアンモニアを利用して，微生物体タンパク質を増殖し，第三室以降の消化管でこれを消化，吸収して利用します．この系による尿素の回収によって，排泄されるべき尿素量は減少し，そのため尿素排泄に必要な水が節約され，結果として尿量が減少するというわけです．

断熱材をまとったラクダ

ラクダの毛は優れた断熱材であることが知られています．ラクダの毛が多く抜けて薄くなっている夏でさえ，太陽にさらされる背中は 10 cm もの厚さの毛で覆われています．ラクダは毛を刈り取ったとき，刈り取る前より 60% も多くの汗をかきます．このことは，体を覆う毛がいかに優れた断熱材で，皮膚からの水分消失を防いでいるかを物語っています．

ラクダのこぶには水がある

ラクダは，長期間水を飲まなくても生きることができ，そのうえ仕事もできます．この理由については，古くからいろいろな説があります．その中の1つに，「たくさんの水を体の中に蓄えられるためである」というものがあります．しかし，解剖して調べてみると，一見して水を蓄えるための器官をみつけることはできません．ラクダは反芻家畜ですが，牛や羊のように4つの胃を持っていません．胃は第一室，第二室，第三室の3つで，三室が牛の三，四胃の連なったもので，そのため，ラクダを偽反芻家畜と呼ぶことがあります．ラクダの第一室のそばに小さな袋があり，ある人はこれを水のうと呼びましたが，この中の水分量はわずか 3.8 l に過ぎませんでした．また，第一室，二室の水分量も，他の反芻家畜の胃に含まれる水分よりも少ない量でした．さらに，ラクダのこ

ぶについても脂肪でできており，液体は溜まっていません．

　人は，体から水分が失われると，血液の粘度が上昇するため血液循環が妨げられ，体の深部からの熱の放散ができなくなり，熱射病になります．しかし，ラクダは前述のように体水分の 1/3 を失っても，なお生き続けます．毛細血管の構造や赤血球の細胞膜が脱水に耐えられるようになっているといわれます．また，体の組織からの水分が失われても血管内の水分の消失が少なく，脱水状態でも血液の粘度がそれほど上がらないためなのかもしれません．体重の 25％以上の水を失って脱水状態になっているラクダに，10 分間水を飲ませると普通のふくよかな状態に外見が戻ることは，まさにそのことを示しているかもしれません．

　ラクダの脂肪質のこぶは食物と水を供給することができます．脂肪は多くの水素を含んでいますので，これが体の中で酸化してエネルギーを出すと，100 g の脂肪から 110 g の水が得られる計算になります．背中のこぶの脂肪は，約 45 kg ですから，約 50 kg の水を背負っていることになります．しかし，一般に脂肪を水にかえるためには，肺から酸素を取り入れなければなりません．このとき，肺表面から蒸発によって多くの水分を失うことになりますから，水分の収支はプラスになりません．これに対応する手段として，ラクダは呼気の水分を，鼻穴を閉じて鼻腔で結露させ，粘膜から吸収して回収する機構を持っています．

草を食べるダチョウ

日本の食糧自給率と遊休農地

　日本の食糧自給率は，1997年現在，カロリーベースで41％，穀物自給率に至っては28％と，先進国とはいえ，フランス，ドイツ，イギリスの100％以上と対比して，惨憺たる状態にあります．1961年にはこの関係は逆で，日本の方がこれらの国より食糧自給率は高かったのです．世界の人口が2000年10月に60億を超えました．2010年には70億になり，約3億人の食糧が不足するといわれていますから，日本の食糧需給の現状は深刻な事態にあるといえます．

　日本は国土が狭くて人口が多いからしょうがないと思われるかもしれません．ところが，資料を調べてみるとそうではないのです．実は日本の耕作放棄地あるいは遊休農地で利用されていない土地は，沖縄と北海道を除けば，ここ10年以上にわたって増えているのです．利用できる土地は，まだまだ日本にあるのです．生活レベルが向上すると，肉などの畜産物の消費量が増えます．日本では，昭和30年代から畜産物の消費の増大に対応して，国の政策として畜産が奨励され，それに伴って家畜飼料用穀物の消費量が増加しました．牛肉1 kg生産するのに，タンパク質が10 kg，デンプンが16 kg必要であるといわれるように，畜産はたいへんな穀潰しといわれます．穀物自給率の低い理由の大部分は，家畜用飼料の穀物をほとんど輸入に依存していることにあるのです．

資源の利活用になるダチョウの導入

　日本で食糧自給率を上げるには，どうしても，遊休農地を利用して飼料を生産し，あるいは，その他の未利用飼料資源を活用した家畜生産を展開しなくてはなりません．中山間地の遊休農地や，米の生産調整で作付けをしない田んぼを活用して，牧草や飼料作物を栽培するのです．そして，これを飼料として家畜の飼育を進めれば，自給飼料による家畜生産のために，遊休農地は減少し，食糧自給率は上昇することになるのです．

また，農産物を生産したときに派生して出るくず穀類，野菜の規格外品などの農産副産物およびジュース絞り粕，豆腐粕，トマト粕などを飼料として利活用した家畜飼育の展開も，これからの持続的なエコ社会の構築のためには１つの重要な日本型畜産の方向であるといえましょう．

　ダチョウは雑食性といいながら，草をたいへん好んで食べます．草だけでなく，雑食性ですから食品製造副産物をはじめ，その他口に入るものは何でも食べてしまうほどで食物選択性が強くありません．また，年間平均で40個の卵を産むことから増殖率が高いこと，生産物の肉は脂肪が少なく，皮は耐久性があり豪華であることなど，きわめて優れた家畜としての資質を備えています．ダチョウを飼うことが，袋小路に追い込まれた日本農業に小さな風穴を開けることになるのかもしれません．日本農業の大きな枠組みをかえる必要はありません．ダチョウ飼育の導入は，やり方にもよりますが，農地保全，食糧自給率の増加，新しい食材の提供，農家の収入増など，多くの恩恵を私たちに与える可能性があるのです．

草 が 大 好 き

　ダチョウの食べるものは何でしょうか．数少ない草を食べる鳥であることが大きな特徴です．そうなると草食性ということになるのですが，実は雑食性であるといわれています．ダチョウは，もともと，乾燥地帯，半砂漠地帯から草地までの地域に生息している動物で，草，低木や高木の葉，実，漿果類などの植物，またシロアリなどの昆虫から小さな爬虫類まで食べているというのです．Dean (1994) らが，南アフリカのいくつかの場所で野生のダチョウが何を食べているか捕まえて調査したところ，胃の内容物に植物の芽が39％，全植物体が25％，花が16.6％，葉が12.2％，果物が4.1％認められました．また，昆虫体にある炭水化物のトレハロースを消化する酵素がダチョウの消化管にみられません．野生ダチョウは胃内容物の97％が植物体であったことから，仮に少量は昆虫などの小動物を摂取していても，これは栄養素の供給という点ではあまり意味がありません．その意味では，ダチョウを草食性動物といっても差し支え

なさそうです．

草に適したダチョウの消化器

草は穀物と違って，デンプンのような栄養的に良質な炭水化物が少なく，通常，人のような胃を1つしか持たない動物ではほとんど利用できない繊維（セルロース，ペクチンなどいろいろなものからなる複合体）を多く含んでいるのが特徴です．ダチョウはこれらをよく利用できる消化器の仕組みを持っていま

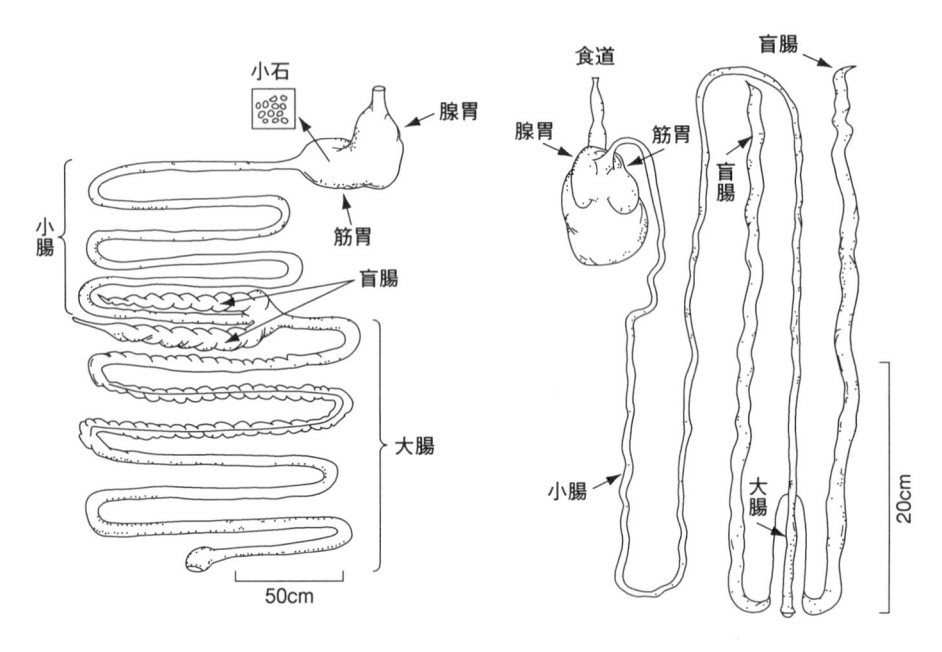

ダチョウ（左）とライチョウ（右）の盲腸

す．ダチョウは，鶏と異なり，草に多い繊維を消化できるように筋胃に石ころを持つほか，微生物のたくさん棲息する大腸部分がたいへん長くなっています．鶏では全腸管のうち小腸が90％，盲腸が7％，結直腸が3％ですが，ダチョウでは小腸が41％，盲腸が5％，結直腸が54％となっています．この盲腸を含む大腸では微生物の働きにより発酵が活発に行われ，繊維が分解されていきます．そ

草を食べるダチョウ　　　　　　　　　　　　　　　　119

のために，餌の体内滞留時間は50時間にもなります．繊維の消化率は，おおざっぱにいって60〜70％になり，発酵産物として，揮発性脂肪酸と呼ばれる酢酸，プロピオン酸，酪酸が生成されます．このように生成される脂肪酸からのエネルギーは，毎日の代謝エネルギー摂取量の76％にもなるといわれ，ダチョウにとって重要なエネルギー源になっています．

― ダチョウの写真と説明 ―
人為的に作出されたアフリカンブラック種が一般に飼われている．ダチョウは，頭高2.1〜2.5 cm，体重105〜125 kg，胸高98〜109 cmもあり，1.2〜1.6 kgもの世界最大の卵を産む，現存する鳥類の中では最大の鳥である．雄は，白い風切羽と尾羽を除き羽根は黒く，わきと腿は裸出し，頭頸部は短いビロード状の毛で覆われている．一方，雌の羽根は灰褐色一色である．ダチョウの足は内側の主指と外側の側指の，2本の指からなっている．卵は大きいが，体重キログラム当たりに換算すると17 gで，ニワトリの卵の46 gには及ばない．ダチョウの胸骨は，他の鳥の竜骨と違って，約4 cmの厚さで多孔質の構造をしていて平べったく，衝突から胸郭を保護する役目を持っている．そのため，胸にはほとんど筋肉がなく，肉の大部分は脚から腰，尻にかけてある．われわれが食べるダチョウの肉はこの部分である．

家畜を飼うなら土つくり

土 － 餌 － 家畜

　中央アジアから東北アジア(中国北部とモンゴル)，そして東ヨーロッパから西シベリアにかけて広がるステップといわれる短草型イネ科草本を主体とする草地，また北アメリカ中東部からカナダにかけて広がるプレーリーと呼ばれる長草型イネ科草本(草丈1～2m)を主とする草地など，世界にはいくつかの有名な大草原地帯があり，ここでは放牧を主体とした家畜生産が行われています．このように，放牧を主体とした家畜生産では，その採食した餌に起因するさまざまな栄養障害，特徴ある病状が各地で知られてきました．こうした家畜生産に関わる問題は，結局のところ，その土地の土壌の物理化学的特徴が餌に反映した結果であります．健康な家畜を作り順調な生産が得られるためには，必要な栄養素を含み，有毒物質を含まない健全な餌を生産することが大事です．そのためには，それが育つ健康な土つくりが基本になります．これは，よくいわれる持続的な家畜生産の原点です．

硝 酸 塩 中 毒

　1895年にアメリカで，トウモロコシの茎を与えた牛において，硝酸塩中毒症の発生が初めて報告されました．青いうちに刈り取るエンバクやトウモロコシなどに，硝酸塩が異常に多く含まれることがあるのです．硝酸塩は反芻家畜の第一胃で亜硝酸に変化し，これが血液中のヘモグロビンをメトヘモグロビンにかえ，酸素運搬能力を失わせ，家畜を窒息死させます．硝酸塩の作物への集積は，糞尿や窒素肥料の過剰な施肥が原因です．

グラステタニー

　土壌中にマグネシウムが不足する場合と，多量のカリウムが存在してマグネシウムの吸収が抑制される場合に，グラステタニーが発生します．最近は糞尿

の土壌への還元が進むにつれ、カリウム含量の高い土壌が増えており、マグネシウムの施肥が欠かせなくなっています。グラステタニーの発生は、窒素肥料や炭酸カリ肥料を多量に施肥した春先の草地で、放牧時によくあります。低マグネシウム血症を特徴とし、症状が進むと、興奮、過敏、下痢、痙攣(けいれん)を経て死に至りますが、マグネシウムの給与により回復します。

くわず症

反芻家畜では、第一胃で微生物によってコバルトを材料にビタミンB_{12}が作られます。そのため、コバルトを餌に十分含んでいれば、ビタミンB_{12}を餌として与える必要はありません。そのかわり、コバルトの欠乏はビタミンB_{12}の欠乏となり、致命的になります。この欠乏症は、花崗岩風化土壌、あるいは流紋岩質火山灰に由来する地域に多く発生し、コバルトの土壌中含量が低いためです。わが国では中国地方で放牧している和牛にこのコバルト欠乏が発生し、"くわず症"として知られています。くわず症になると、食欲、体重が減退し、ついには貧血を起こし死亡してしまいます。

セレニウム・銅・亜鉛欠乏

セレニウムが家畜の必須元素であることが明らかになったのは、比較的近年のことです。わが国の土壌は多くが酸性で、鉄やアルミニウムの多い火山灰であることから、作物に利用されやすい形のセレニウムが少ないとされています。この土壌で生産される餌のセレニウムの含量は 0.05 ppm 以下と少なく、国産の餌を食べている家畜は潜在的なセレニウム欠乏になっている可能性があります。したがって、わが国ではこの点に留意した土地の肥培管理が重要です。

わが国の草地の 90% においては銅が、85% においては亜鉛が不足しています。牛や羊では、銅の欠乏によって食欲の減退、成長の低下、下痢、貧血、骨の障害、産毛量の減少などの症状がみられます。また、亜鉛の欠乏は、成長の阻害、皮膚、毛、羽、骨の異常、繁殖の低下などを引き起こします。

家畜飼育と環境負荷　栄養学的アプローチ

家畜と環境負荷物質

　家畜は，糞尿とともに窒素，リン，カリウム，カルシウムなどを，また口と肛門からはメタンを主とするガスを必ず環境に排出します．これらの環境に対する負荷を軽減すること，いいかえると排泄量の削減は，持続的な農業や畜産の展開のために，避けては通れない課題です．搾乳している牛では，年間の糞が14.6t，尿が4.9tで，出荷前の肉豚では糞が1t，尿が1.8tと算定されています．家畜飼養頭数はある地域に偏って集中し，一方，施用する農地面積の減少のため，地域によっては土壌の受容能力を超えた家畜排泄物の排出がみられます．大規模多頭経営であれば事態はいっそう深刻で，早急に，家畜の生産性を損なうことなく，環境に対する糞尿排泄量の負荷を低減する技術の開発が必要とされています．

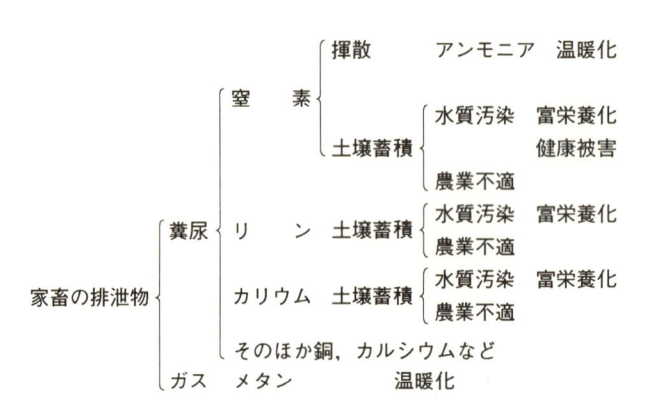

```
                               ┌ 揮散      アンモニア   温暖化
                    ┌ 窒　素 ┤         ┌ 水質汚染   富栄養化
                    │        └ 土壌蓄積 ┤           健康被害
           ┌ 糞尿 ┤                     └ 農業不適
           │        │                   ┌ 水質汚染   富栄養化
家畜の排泄物┤        ├ リ　ン  土壌蓄積 ┤
           │        │                   └ 農業不適
           │        │                   ┌ 水質汚染   富栄養化
           │        ├ カリウム 土壌蓄積 ┤
           │        │                   └ 農業不適
           │        └ そのほか銅，カルシウムなど
           └ ガス    メタン        温暖化
```

家畜排泄物の環境への負荷

乾物消化率を高める

　糞中の水分を除いた乾燥物（乾物）の減少は，排泄される糞量の減少となります．したがって，糞量を削減するためには，この乾物の量を減少させればよ

いことになります．もっと正確にいいかえますと，食べたもののうち排泄される割合が少なくなる，すなわち消化率が上がれば，食べた量に比して排泄される量が減ることになります．

　反芻家畜の場合，栄養生理上，どうしても粗飼料（乾草などのかさの多い飼料）を与える必要があります．粗飼料というのは，植物の構造を形作っている消化の悪いセルロースなどを多く含んでいて，乾物排泄量を多くする要因となるものです．それでも，飼料作物を適期に刈り取ること，良質の乾草，サイレージを調製すること，アンモニア処理，石灰処理あるいは酵素処理などを行って消化率を高めることは可能です．また，粗飼料を与える量が多くなると，消化率は著しく低下しますので，これの給与水準に気を付けなければなりません．トウモロコシのような濃厚飼料（かさが少なく栄養素を多く含んでいる餌）を多く与えると，餌の中の繊維消化が抑制されますから，濃厚飼料の割合を60％未満に抑えるのがよいといわれています．

　反芻動物の粗飼料の消化は，第一胃の微生物の活動に依存しているので，乾物排泄量を減らすためには，微生物の活動を活発にしてやればよいことになります．微生物の活動には飼料のタンパク質含量がとても大事で，12～19％の水準で最も乾物消化率が高くなります．飼料中の脂肪含量が5％を超えないようにすること，不飽和脂肪酸の少ないものを選ぶことも重要です．さらに，モネンシン，サリノマイシンなどのイオノフォア系の抗生物質が，第一胃内の発酵の改善を通じて飼料エネルギーの利用効率を高めることがわかっています．

窒素の利用性を高める

　初めに考えられる対応策は，タンパク質の消化率を上げることです．消化されないタンパク質はそのまま排泄されてしまうからです．飼料タンパク質として頻繁に用いられる大豆粕は，*Aspergillus usami* という麹菌（こうじきん）で発酵処理すると，タンパク質や乾物の消化率が高くなり，これらの糞中への排泄量が減少します．この発酵大豆粕は，タンパク質が部分的に加水分解されて低分子化したため，消化性が改善されることになるのです．

次の方法として，腸管から吸収されるアミノ酸のバランスを補正することにより，吸収後のタンパク質の合成に必要なアミノ酸を過不足なく供給して，利用されずに排泄される窒素量を少なくすることが考えられます．低タンパク質飼料にリジン，メチオニンあるいはスレオニンなどの必須アミノ酸を添加することによって，肥育子豚の成長を抑制することなく，総窒素排泄量を約26%減少させることができます．ブロイラーのヒナについても，飼料タンパク質のアミノ酸組成を単体のアミノ酸を添加して補正することにより，生産性に悪影響を与えることなく，飼料のタンパク質レベルを23%から19%まで下げることができ，排泄窒素量を10〜20%減らせることが示されています．

リンの利用性を高める

家畜の飼料によく用いられる穀類には，フィチン態のリンが多く含まれています．しかし，この形のリンは豚や鶏においては利用性がきわめて低く，大部分はそのまま排泄されてしまいます．穀物のリンの利用性が低い理由は，リンの70%以上がフィチン態で存在し，これは豚や鶏の消化管で消化されないためです．したがって，これらの家畜におけるリンの排泄量の抑制は，消化性を高めることで可能になります．フィチンを分解してリンを遊離する微生物由来のフィターゼを，豚や鶏の飼料に添加して与えると，豚や鶏におけるリンの消化

主要飼料原料中のリン含量と豚における利用率

原料	全リン(%)	フィチンリン(%)	リン利用率(%)
植物性			
トウモロコシ	0.27	0.18	15
大麦	0.34	0.22	31
小麦	0.32	0.22	50
マイロ	0.26	0.18	22
動物性			
肉骨粉	5.41	0	93
魚粉	3.87	0	100
その他			
リン酸2石灰	17.08	0	100

(斎藤　守，1998)

率は著しく高くなり，その結果，生産性を維持しつつ，リン排泄量を大幅に減らせることが明らかになりました．

メタンを減らす

メタンは第一胃における消化の過程で，微生物の働きによって産生されます．したがって，メタン産生の抑制は，メタン菌の活性抑制や除去によって可能になるはずです．しかし，メタン菌は第一胃内の水素や蟻酸を除去し，胃内の環境を発酵に好適な状態に維持しているため，ただ抑制すればいいというわけではありません．ここに，メタン産生の制御の難しいところがあります．

飼料中の可消化細胞内容物，可消化細胞壁成分および可消化酸性デタージェント繊維はメタン産生に促進的に働き，それに対し，タンパク質は抑制的に働きます．また，濃厚飼料と粗飼料の比率とメタン産生量とは，濃厚飼料の比率が高いときにメタン産生量が低下するという関係にあります．飼料摂取量の増加によってメタン産生量は増加しますが，摂取量当たりの産生量は減少することが明らかになっています．

メタン菌はプロトゾアの表面に付着していて，プロトゾアが産生した水素を利用してメタンを生成するので，プロトゾアを除去することによってメタン産生量を減らそうとする試みがあります．メタン菌付着プロトゾアの割合が少ない第一胃の環境を作り出すことができれば，飼料の消化率の低下を招くことなく，メタンの産生を抑制できることが示唆されています．

モネンシンやラサロシドなどのイオノフォア系抗生物質は，メタン産生を抑制し，餌のエネルギーの利用率を改善しますが，粗飼料含量の多い餌を与えたとき，より効果的にメタン産生は抑制されます．

不飽和脂肪酸に水素添加することによって，メタン産生の基質となる水素を除けば，メタンの発生量が減少すると考えられます．確かに，オレイン酸，リノール酸およびリノレン酸を第一胃に投与すると，メタンは減少します．しかし，どういうわけかカプロン酸などの飽和脂肪酸でも同様の効果がみられます．

家畜の餌でノーベル賞

　家畜の餌には，牧草や青刈りトウモロコシなど繊維含量が比較的多く栄養素の割合が少ない粗飼料と，それとは対照的にトウモロコシやマイロの実などの穀物，大豆粕や綿実，あるいは，魚粉などの栄養素に富んでかさの少ない濃厚飼料が主な原料として用いられています．

　家畜の餌の中で，穀物や魚粉などはすでに乾燥された物で手に入ることから，貯蔵が効きますが，草食家畜の主食である生草は水分が多いため，そのままではとても長く貯蔵できません．餌の貯蔵ができるかどうかというのは，餌の安定した供給，結局は安定した家畜生産と密接に関係しているため，経営のうえでたいへん重要なことです．そこで，さまざまな工夫を経て，栄養価の損失が少なく，安定した品質のものができ，コストもかからない貯蔵法として，サイレージ（牧草や飼料用トウモロコシの茎葉の漬物，エンシレージともいう）が開発されることになったのです．

家畜の発酵食品，サイレージ

　家畜の中で，牛，羊，山羊，馬などの草食性の家畜は，年中生草のある気候温暖な地域を除いては，冬季間に与える餌を，夏の間に草や飼料作物を貯蔵できる形態に加工して蓄えておかなければなりません．代表的なものに，牧草を太陽のもとで天日干しして作る干草や，人工乾燥機の中で乾燥して作る乾草などがあり，また，青いままの生草やトウモロコシの茎葉を気密にした状態で（代表的なものとしてサイロに詰め込む），乳酸発酵させて作るサイレージもあります．サイレージとは，聞きなれない言葉ですが，要は家畜の主食になる発酵食品の漬物です．これと同じ原理で作る人間の食べものに，長野県の木曾地方で伝統的に作られているスンキ漬けというものがあります．これは，菜っ葉を乳酸発酵して作る伝統的な漬物で，通常，漬物に必要な塩分を使わない健康食品です．

現在，サイレージは多汁質飼料の最も有効な貯蔵法と考えられています．それは，次のような利点があるからです．

　草類のような多汁質の餌を新鮮に近い状態で貯蔵でき，嗜好性が増すため，サイレージにすることによって餌の廃棄割合を減らすことが可能になります．干草を作る場合のように天候に左右されることもありません（雨の多い地域では特に利点は大きい）．養分損失も干草や乾草に比べて少なく，貯蔵場所の節約（乾草の場合の約半分）もできます．サイレージに加工することは，飼料確保のために，このように多くの点で優れています．

　一方，通年のサイレージ給与を経営に導入している酪農家もあります．年間を通して安定した質と量の粗飼料を家畜に与える方法の1つと評価しているためです．

AIVサイレージ

　第二次世界大戦が終わった1945年に，ノーベル化学賞を受賞したフィンランドの生化学者がいました．その人の名はA.I.Virternenで，彼は1920年代の初めに，各種バクテリアの発酵とそれに影響する因子について研究し，牛の餌である生草を乳酸発酵させ貯蔵するとき，pHが4以下になると腐敗しないことを見出しました．この研究の結果から，彼は生草を好ましく乳酸発酵させるために，材料に添加する酸液A.I.V.を開発し，特許をとったのです．A.I.V.液は2規定の塩酸と硫酸を容積比で4：1から9：1の割合で混合したもので，これを材料に対して4～8％添加するという方法です．酸類を加えることによって，pH 3.5～4.0程度にし，有用な乳酸菌の活動を阻止することなく材料の分子間呼吸を減少させ，タンパク質の分解，続くアミノ酸の分解によるアンモニアの生成を抑制することによって養分の損失を防ぎ，よい発酵を起こさせるのです．しかも，こうすることによって，できた製品の品質が長期間にわたって保持されるという利点があります．

　利点のあるA.I.V.法ですが，サイロや液の散布器，作業者の衣服が酸で侵されることから，作業に注意が必要です．このため，世界に広く普及しませんで

した．しかし，赤クローバなどのマメ科牧草をサイレージの材料にするフィンランドなどの北欧諸国では，広く利用されたようです．

サイレージの技術とサイロ

もともとは古代エジプトの植物性の発酵食品にその原理を習い，1840年頃にヨーロッパ中部で行われていた飼料の貯蔵法がサイレージの原型であるといわれています．その後，19世紀末にフランスで，また，わずかに遅れてイギリスでもサイレージが普及し，サイレージの研究も活発に行われました．その当時は主として，地面の溝，穴，トレンチなどが発酵容器として使われ，その中でもトレンチで作ることが流行しました．

サイレージは乳酸発酵で空気を嫌いますから，サイレージを作る際に使う容器が，できあがったサイレージの品質を左右します．つまり，どの程度空気を遮断した条件で発酵して，有用な乳酸発酵を優勢とし，他の酪酸発酵やかびの発生を抑制できたかで品質が決まってくるのです．

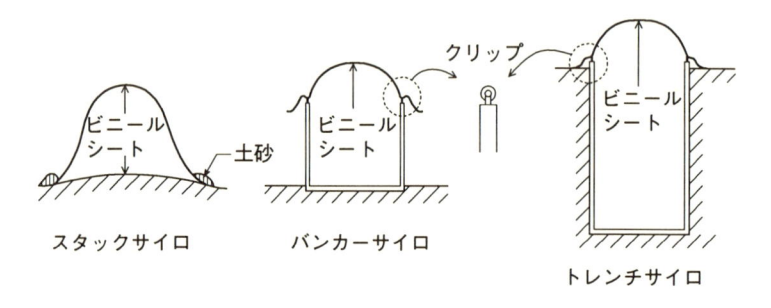

代表的簡易サイロの断面模式図（大島光昭，1996）

このサイレージはその後アメリカに渡り，さらにサイレージについての基礎的な理論や調製技術が発展し，トウモロコシサイレージが実用的に作られ普及しました．さらに，これはカナダにも普及し，地上式タワーサイロが一般化するとともに，材質は木からコンクリートへ，さらにスチールや強化プラスチックへと進化していきました．

サイレージの調製法は，大まかにはこのように発展したのですが，国によっ

タワーサイロ

て，地域によってさまざまで，多くの方法が工夫されてきました．平地に牧草などの材料を堆積し，その上にビニールをかけ，ビニール端の接地した所に土をかけて密封するスタックサイロから，木枠やコンクリートで平地に囲いを作りこの中に材料を堆積し，上をビニールなどで密封するバンカーサイロ，地面に穴を掘った素堀の穴の中に牧草やトウモロコシの茎，葉，実を詰め込むトレンチサイロ，前述のタワーサイロなどです．そして今日では，科学の進歩とともに，ビニール，木，コンクリート，鉄，プラスチックなどの資材を組み合わせて気密性を高めて改良した，多種多様なサイロが，経営の規模や気象条件などに合わせて選択できるようになったのです．

餌を食べる

餌の食べ方

　家畜も人間も，基本的に食べる動作は同じです．大きく，3つの動作から成り立っています．まず，餌を口腔内に取り込む動作（喫食），次いで歯でかみ砕き唾液と混ぜ合わせる動作（咀嚼），最後にこれらを飲み込む動作（嚥下）です．もちろん，家畜の種類によって，この3つの動作は少しずつ違っています．

くちばしで食べる

　まず，鶏などの家禽類と豚や牛などの哺乳類とは大きく違います．鶏では歯がありませんが，くちばしがあります．くちばしで上手についばんで，そのまま嚥下します．飲み込まれた餌は，筋胃で砕かれます．この袋の中には砂粒や小さな石のかけらが入っていて，餌を破砕するのを助けます．こうして，鶏は丸飲みした餌を"咀嚼"したことになり，小さく砕かれた餌（ここまでくると食塊と呼ばれます）は胃に送り込まれます．

唇と歯で食べる

　哺乳類は一般にくちばしはなく，唇と歯があります．この2つの器官の使い方が家畜種によって大きく異なるのです．家畜の中でも，犬や猫の食べ方は皆さんもよく知っていますね．本来，肉食獣である彼らは，切歯や犬歯は肉を切り裂くようによく発達していますが，唇の発達はそれほどでもありません．
　雑食の豚は，歯自体は肉食獣ほどではありませんが，切歯は鋭く尖っています．彼らの特徴は上唇が鼻吻部と一緒になって堅くよく発達し，前方へ突き出ていることです．本来，豚はその先祖のイノシシと同じく，この上唇・鼻吻部で地面を掘り繰り返し，地中の植物の根や土壌中の昆虫やミミズを食べるのです．ですから，豚はルートイーター（根っこ喰い）と呼ばれることがあります．
　草食家畜はどんな食べ方をするのでしょう．大きく分けて，牛型，山羊・羊

型，馬型に分かれます．本来，草食家畜たちは草原で草を食べて生きていました．今でも，放牧すると特徴的な食べ方を観察することができます．

牛型，山羊・羊型，馬型

この3種の家畜たちは，それぞれ唇と歯の構造が違うのです．まず牛型ですが，実は彼らは上の切歯(上顎前歯)がありません．かわりに歯床板という，いわゆる歯茎がよく発達しています．生えている草を食べるとき，牛はまず舌で草をからめ取ります．そして，口腔内に取り込んだ草を歯床板と下顎切歯ではさみ，口全体を前後に動かして草をちぎり取ります．

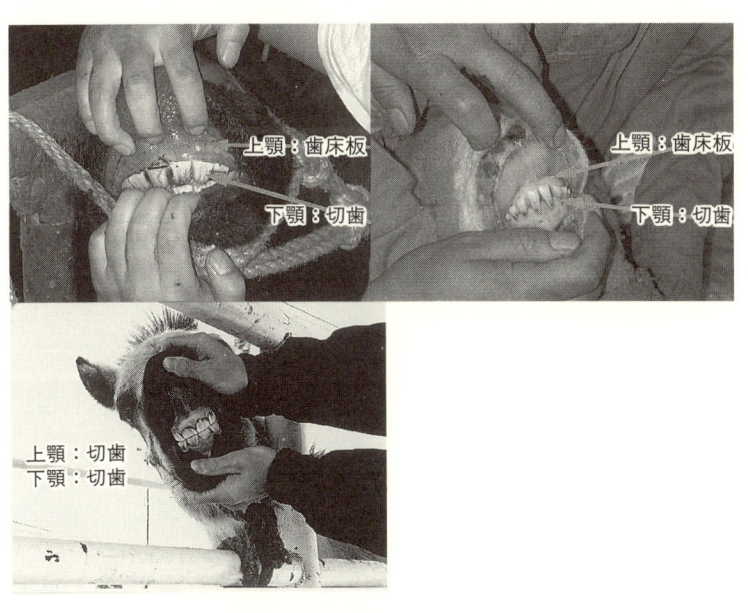

牛の歯（左上），羊の歯（右上），馬の歯（左下）
牛および羊は上顎切歯がなく歯床板のみ．馬は上下とも切歯がある．

羊や山羊も牛と同じように，上顎切歯がありません．しかし，彼らは唇が軟らかくよく発達しています．この唇で草を口腔内に取り込み，やはりよく発達

した歯床板と下顎切歯で草をちぎり取ります．馬も同じく唇が軟らかく，よく動きます．そして，羊や山羊と同じように唇で草を取り込みますが，彼らは牛，羊，山羊と違い，切歯が上下とも揃っているのです．そこで，口腔内に取り込まれた草は上下の切歯で食いちぎられるのです．

こうした食べ方で，何となくどんな草を彼らが食べるか，想像がつきますね．牛は比較的背丈の高い草を食べるのが得意で，羊や山羊，そして馬と，順に低い草高の草を得意としているようです．ただし，これは"概して"の話であり，例えば牛は 15～20 cm の草高の草を最もよく食べるといわれ，それ以上でもそれ以下でも，採食効率が落ちるといわれています．さらに，牛は 5 cm 以下の草高の草は食べられないといわれていますが，"平均"草高が 5 cm くらいだと嘗めるように食べて，平均より高い部分をなんとか摂取してしまうようです．なお，そんな短い草を食べるときも，牛は舌を出して嘗め取るように草を食べます．羊や馬を同じところに長い間放牧していると，そこはまるでゴルフコースのようにきれいに刈り込まれてしまうのは，彼らの食べ方のせいです．

グレーザー，リーフイーター，ブラウザー

牛や羊，馬など，本来こうして地面に生えている草を主に食べる動物をグレーザー（草喰い）と呼びます．なお，木の葉や小枝を食べる動物をリーフイーター（葉っぱ喰い）とかブラウザー（小枝喰い）とかいい，山羊が本来ブラウザーであるとされています．

牛は餌に混ざっている針金や釘を食べてしまい，これらが胃を傷付けてしまうことがあります．牛の第 1 胃は心臓に近接しているので，胃の中の金属が心嚢膜を傷付ける疾病を創傷性心嚢炎といい，ときとして死に至ります．唇がよく発達している馬，羊や山羊では喫食時に異物を唇でより分けるらしく，こうした病気は起こりにくいようです．

どれくらい食べるんだろう

私たちが"どれくらい食べるんだろう"と考えたとき，まずたいていはかさ

で考えてしまいます．どんぶり飯を4杯食ったとか，ラーメンを3杯食べたとか，寿司を60個食ったとか．でも，これではなかなか比べようがありません．ラーメンを3杯と寿司を60個では質量が違います．また，どんぶり飯とラーメンでは同じどんぶりに入っていても水分含量が違います．

乾物含量ではかる

そこで，家畜では餌の量を表すときに，乾物含量という表現を用います．まず，重さで表し，またその重さのうちの水分を除いた分で表すのです．さらに，当然家畜の大きさによっても食べられる量は違いますから，体重当たりで表すことが一般的です．

すなわち，"乾物で体重の何%を食べる"というように表現します．では，いったいどれくらい食べるのでしょうか．牛と馬の例で考えてみましょう．

牛や馬は，生の牧草類ならば，おおむね乾物で体重の2%強を1日に摂取していれば体重は維持できます．体重を増やしたり，おなかに子供がいたり，毎日相当量の乳を出していたりするともっと食べなければ足りません．また，激しい運動をしたり，非常に寒かったりするともっと必要です．

生の草で体重の2%とはどれくらいでしょう．そのあたりに生えている牧草の乾物含量は，全重量の約80%が水分です．ですから，乾物量の5倍がおおむね水分込みの重さになります．体重500 kgの牛か馬であれば，1日乾物で10 kgくらい，生の草で50 kgくらい食べなければ体重は維持できません．成人女子1人分の体重くらいに相当します．

牛が食べる濃厚飼料

さて，ここまで主に草を食べたら，という仮定で計算してきました．実は現在の畜産業の牛も馬も，草類のみを食べているわけではありません．私たちや豚，鶏と同じように穀類も餌として食べているのです．草のようにかさが多い餌を粗飼料，穀類のようにかさの割に栄養成分が濃密に含まれている餌を濃厚飼料といいます．牛でも馬でも，おなかがいっぱいになるのは第一義的に消化

器官がかさで満ちあふれてしまうことであり，この容量の限界が摂取の限界といえます．より太らせ，より乳を出させるためには，その元である餌をたくさん食べさせなければいけません．ところが，牛や馬の本来の餌である草類では，養分を十分摂取する前におなかがいっぱいになってしまうのです．そこで，効率よく栄養分を摂取させてやるために穀類などの濃厚飼料を与えてやります．また，おなかの中に棲む微生物をより活発に活躍させるためには，穀類を適度に与えてやった方が粗飼料の消化吸収がよくなることがわかっています．

なお，最近ではこうした理由だけではなく，牛などに濃厚飼料を多給します．当然，その方が短期的には生産効率がいいからです．また，この何年かは世界的に穀類の国際価格が低下しており，一部では自分の畑で草類を作るより輸入穀類を買った方が安いという現象さえ起きています．もっとも，この方式では家畜のもう1つの主要な生産物である糞尿を還元する大地がないということになってしまいます．現在，肉牛の肥育後期では粗飼料対濃厚飼料の比率は1：9あまり，乳牛でさえ5：5くらいです．

たくさん食べさせるために

さて，私たちは，たいてい1日の食事を3度に分けて食べますが，家畜はどうでしょう．実はいろいろなやり方があります．牛や馬だと，乾物で体重の2％強の餌を食べれば体重は維持できると前述しました．乳を出したり，太らせたりするためにはもっと食べさせなければいけません．食べた餌は糞に出てくる分，尿に出てくる分，汗や体温維持に出てくる分を差し引いたものが蓄積されます．このうち，維持に必要な分を差し引いて乳や肉の生産が行われるのです．ですから，生産の効率は2つの要素で決まります．1つは食べる餌の実量で，もう1つは体内での転換効率です．後者はさておき，前者についていうと，できるだけたくさん食べさせれば生産は上がることになります．

そこで，たくさん食べさせるための，いろいろなテクニックが使われています．1つは餌をいつも自由に食べられるよう用意してやる方法です．自由摂取とかアドリブ給与とかいいます．もう1つは，乳牛などで使われるのですが，何

度も分けて食べさせるインターバル給与という方法があります．いっぺんにどんと餌を目の前に置いてやるより，食べ終えてしばらくして再び給与する方が食欲がわくらしいのです．また，連続してやる場合も，餌の種類をかえて給与すると，採食が開始されることが多いです．私たち人間も，おなかいっぱい食べても，別の料理がくるとつい手が出てしまうということがありますが，家畜も同じですね．こうすると，1日60 kgあまりの乳を出している乳牛などでは，体重の4%あまりを食べてしまうことがあります．

草を食べて生きる

前節で，牛と馬について触れました．この2つの家畜は典型的な草食家畜です．どちらの家畜も，人類が直接消化吸収できない繊維成分を主食として発達してきた動物たちです．その点で，繊維成分を直接効率的に消化吸収できない私たち人間や豚や鶏とは，ずいぶん違った消化器官を持っています．

反芻胃で消化する －牛，山羊，羊－

反芻動物では摂取された食塊はまず反芻胃に入り，ここで繊維成分は微生物の働きで発酵しながら微細化していきます．また，食塊は口腔内まで吐き戻され，再び臼歯(きゅうし)による咀嚼を受けて再び嚥下されます．反芻胃内で分解に手間取るような粗い食塊が吐き戻されると思われていましたが，吐戻し食塊は実は結構どろどろの水分の多いものが吐き戻されます．しかし，口腔内まで吐き戻された直後，水分と微細な食塊は再び食道を反芻胃内へ戻っていきます，これをテーリングといいます．もちろん，反芻時の咀嚼は粗い食塊をよくかみ砕くために行われるべく発達した動作ですが，粗い食塊は吐戻ししにくいらしいのです．ですから，どろどろで吐き戻しておいて，篩(ふる)いにかけるように水分と微細部分を飲み込んでしまうらしいのです．面倒ですが，うまいことやってます．

牛，山羊，羊など反芻動物は，こうして普通の胃に入る前の反芻胃で，まず繊維成分を微生物が発酵分解し，合成したタンパク質とともに第四胃以降で消化吸収します．馬など後腸発酵動物では，胃を通過したあとに発酵が起こり，発

酵産物の消化吸収は発酵の当該場所である腸か，その後ろの腸で行われることになるでしょう．後ろといっても，あとは直腸しかなく，それを過ぎると肛門を経て体外へ出てしまいます．発酵産物はどうなるのでしょう．

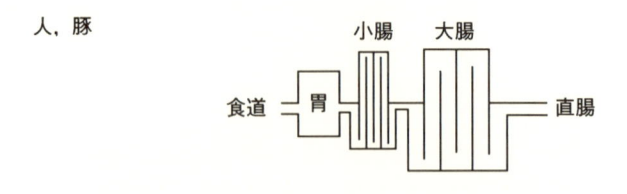

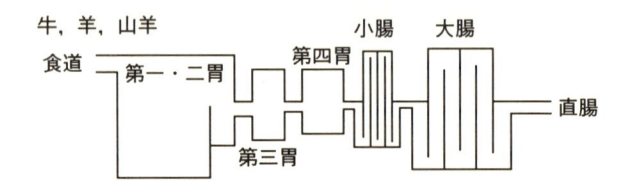

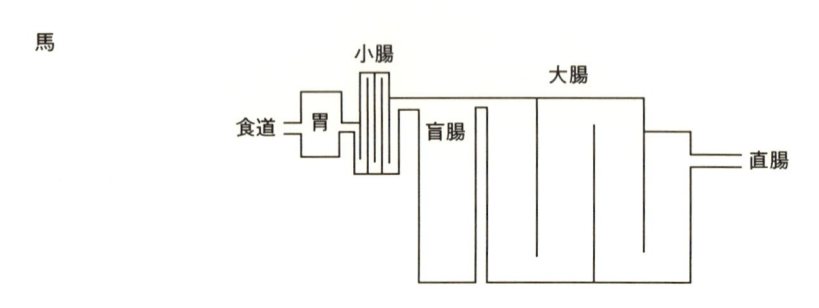

各動物の消化器官の模式図

盲腸，大腸で消化する −ウサギ，馬−

ウサギなどでは腸での発酵産物は特殊な形状の糞（軟糞といいます）として排出され，また本人が摂取します．すなわち，いったん体外を通りますが，再び後腸での発酵産物を胃や小腸に通してやるのです（☞「糞を食べる動物たち」）．馬はそういうことをしません．でも，馬は牛と同じように草だけを食べ

て生きてきたし，それであの大きな体を支えるばかりか，かなりのスピードで走ることができます．どこかに秘密があるにちがいないのです．実は，馬など後腸発酵動物の消化生理は，まだわからない部分が多いのです．

牛が有利か，馬が有利か

とはいうものの，消化管の1番前に発酵槽を持つ反芻家畜の方が，おおむね繊維成分などの消化効率はいいのではないかと思われます．ところが，非常に質の悪い草類しかないような場所で牛と馬を飼うと，面白い逆転現象が起きます．これはアイスランドの湿原に放牧した馬，牛，羊の反芻家畜を比べた実験で明らかになったことなのですが，非常に低品質の草類を食べていると，馬の方が生産性が高くなるのです．これは，以下のように説明されています．反芻家畜に低品質草類を与えると，反芻胃に入ったこの草の食塊を微生物はなんとか発酵分解しようとします．ところが，品質が悪いので時間がかかります．その間，反芻胃は食塊でいっぱいになってしまい，牛もしくは羊は，既述のように採食行動が制限されます．すなわち，食べなくなってしまうのです．一方，馬に食べられたこの低品質草類は後腸にいきます．反芻胃ほど微生物による発酵分解が効率よくない馬は適当に発酵分解して，この低品質食塊のうち容易に利用できる部分だけ取り込み，あとは排泄してしまいます．すると，消化管内の充満度は下がり，再び採食します．つまり，馬は餌の転換効率が悪いものはどんどん食べて実量で稼いで，結局生産を上げていくことになるらしいのです．アイスランドの実験の例では，草の品質が少しでもよくなると，牛や羊など反芻家畜の生産性が馬を追い越すと報告されています．

休　息　す　る

　休息は，人にとっても家畜にとっても重要な行動です．休息により，エネルギー消費を節約し，また消費したエネルギーを回復します．休息には睡眠という行動が含まれます．

　家畜の睡眠は休息姿勢で行われますが，ではどんなところで休息するのでしょう．直接休息行動とは結び付かず，どちらかといえば繁殖行動に関係するのですが，巣を作る家畜と作らない動物に分かれます．巣を作る家畜は鶏と，そして意外なことに豚があげられます．

豚　の　休　息

　豚は寝起きするのがやっとといった狭いところに閉じ込められていると思われ，糞尿まみれで寝ころんでいるイメージが強い家畜です．確かに，肥育豚はあまり動かないように狭いところで飼われ，また繁殖豚は後述する子豚の圧殺を防ぐ目的で狭いストールに閉じ込められて飼われています．しかし，ある程度広いところで飼ってやると，排泄場所と休息場所を分けて暮らす動物であり，またわらや小枝など巣作りの材料を入れてやると巣を作ろうとします．最も豚は暑熱時には泥の中で寝ころぶのが好きで，そんなことからこうしたイメージが作られたのかもしれません．なお，豚の休息姿勢には，犬のように前肢を立てて座り込む姿勢があり，これは犬座姿勢と呼ばれています．

草食家畜の休息

　馬，羊，山羊，牛は巣を作りません．馬は寝ころんで休息，睡眠する時間が短く，冬季の積雪下で放牧されている馬の観察では，24時間中1度も寝ころばなかった例も観察されています．休息とは異なりますが，砂や泥のある場所で，寝ころんで背中を地面にこすり付ける行動がみられます．ゴロうちといいます．夏季に馬に乗って汗をかかせ，よく手入れもせずに鞍を外して馬を放すと，痒

休息する

放牧地での牛の伏臥（左上），馬の横臥（右上），豚の伏臥（左下）

いのかゴロをうちます．林間放牧地などではゴロうちする場所が決まっていて，どの馬もそこにきてゴロをうったりすることがあります．

　牛は伏臥する時間が長い動物ですので，飼養管理上できるだけ快適に伏臥させるため，どんなところで伏臥するかについて研究されてきました．その成果を簡単にまとめると，"軟らかいところ"，"平らなところ"，"乾燥したところ"が好まれるといえます．このうち，牛が重視しているのはどうも乾燥しているところらしいのです．

　牛を放し飼いにする場合，雨風をよけられるような待避舎を設けてやることがあります．すると牛はよほど激しい風雨でなければ，雨，風をさほど気にしないようなのです．この待避牛舎の役割は牛を雨風から守るというよりは，乾燥した伏臥場所を確保してやるということにあるようです．

座り込む

　牛も馬も座り込むときは，おおむね同じ動作で行動します．まず，前肢を折り曲げて飛節で着地します．次いで，頸（くび）を大きく前に延ばして後軀を後肢の上に落とし込みます．その後，牛では前肢を組みかえて胸の下に織り込みながら，後軀の左または右側面が下になるように，お尻だけ横座りの形で伏臥することになります．馬では，いったん伏臥になってから四肢をどちらかに投げ出して横臥します．どちらの動物も，飛節で一種の膝立ち（飛節は膝ではありませんが）になったところでそこを支点にして，非常に重い頭部を重りがわりに後軀をゆっくりと地面に降下させるわけです．なお，後軀が降下し始める直前に，後肢が少し前方に寄せられます．

　牛も馬も，いわば"前肢を途中まで折る"→"後肢を折り曲げる"→"前肢を完全に畳み込む"→"後軀をずらし，後肢を投げ出す"という順で座り込むことになります．とにかく重たい動物ですから，下手に乱暴に座り込むと，自分自身を痛めてしまうことになります．

立ち上がる

　一方，立ち上がるとき，牛と馬では逆になります．馬は，まずいったん伏臥姿勢になったのち，跳ね上がるように前足から立ち上がり，次いで後肢を延ばします．一瞬で素早く立ち上がります．一方，牛は座り込んだ順を逆にたどりながら立ち上がります．まず，横座りしていた後軀をまっすぐ延ばし，後肢を後軀の下に折り曲げて集めます．次いで，飛節の部分を折り曲げて立て，体重をかけて，頸を長く前方に延ばしながら後軀を持ち上げます．座るときと同様，このとき立てた飛節部分がてこの支点になり，大きく重たい頭部を重りにして後軀を持ち上げます．後軀が踏みしめた後肢の上に乗っかったあと，順に左右の前肢が延ばされて立位姿勢となります．

　立ち上がるときのこの牛と馬の違いは，恐らく頸の長さに起因するものと思われます．もし，牛と馬の頭部の重さが同じだとしても，支点となる前肢飛節

から頭部重心までの距離はかなり違い，馬の方がはるかに長くなります．また，馬の頚部はよく筋肉が発達しており，走るときも重要なバランス器官として働いています．そこで，馬はこの長くて力強い頚部を利用し，これを跳ね上げることにより前躯を，次いで後躯を立位姿勢に持っていくのです．まるで座った状態から飛び起きるようにみえます．牛はこのような素早い動きはせず，ゆっくり力学の法則に従って，順次力を入れて立ち上がるわけです．

寝ウシ，立ちウマ

"寝ウシ，立ちウマ"ということわざを聞いたことがありますか．牛は寝ている状態が普通にみられ，馬は立っている状態が一般的だということを表したものらしいのです．確かに，牛は1日のうちの半分は伏臥状態で休息か睡眠，もしくは反芻を行っています．一方の馬の横臥・伏臥時間はこれに比べるとごく短いもので，長くとも1時間程度です．北海道の積雪時に終日屋外飼育されている馬の観察例では，24時間で1回も横臥も伏臥もしなかったことが報告されています．そこで，"寝ウシ，立ちウマ"は，ある意味で牛や馬の健全な姿を指し，"寝ウマ，立ちウシ"を長い時間みかけるようであれば，何か異常があると考えた方がいいということかもしれません．

牛は1日の半分を寝て過ごすと書きましたが，12時間連続して寝ているわけではありません．寝場所が十分快適で，座り込んだり立ち上がったりも円滑にできる場所では，牛はおおよそ1時間に1回くらいの割合で立ち上がり，姿勢をかえてまた座り込みます．これを何回か繰り返したのち，移動や採食に移るというパターンが一般的です．ですから，寝ない牛も心配ですが，寝たきりの牛も注意する必要があります．立ったり座ったりが円滑にできない，すなわち寝場所として適切ではない場所では1回の伏臥連続時間が長くなります．

なお，ここまで説明しませんでしたが，体の腹部を下にして座り込んだ姿勢を伏臥（☞ p.139の牛と豚の図），体側部を地面に横たえて寝ころんでいる姿勢を横臥と呼んでいます．

群れの仲間

　私たちが飼育している家畜の大半は，もともと群居性の動物でした．もっとも，家畜化が行われたときに，群居性の動物が選ばれたのだとする説もあります．群れをなして生活することは，危険の多い野生の生活の中でメリットの多いものでした．

群れで暮らすメリット
　群れで暮らすと捕食者に対する防衛機能が働きます．また，皆が食べている間も見張りをするものとか，子供の世話をする個体とか，機能分担も発生します．寒冷や飛来昆虫の襲来，環境感作に対する緩衝作用も有するでしょう．すなわち，群れは環境に対する最も効果的な"適応機構"の1つであるといわれています．

群れで暮らすデメリット
　ところが，こうして皆で寄り集まって暮らしていると，実はもう1つの環境が生まれてしまいます．個体同士が互いに干渉しあう社会環境という環境です．食べたいものがあっても他個体に取られてしまう，休みたい場所を先に占有されているなど，実際にその個体の維持を妨げるような環境でもあるのです．
　外的な環境に対して群れることで対応した群居性の動物たちは，そこでもう1つ適応機構を作らなければなりませんでした．それが群れの社会構造といわれる機構です．これにはさまざまなメカニズムがありますが，例えば上述のような資源をめぐる争いには，強弱の関係を決めておくといった優劣順位構造があります．

群れの中の順位
　牛や馬などでは，従来から"群れのボス"がいることは知られていました．こ

群れの仲間

れが実は群れ全体の構造的な構築物であることが明らかになった発端は, 鶏の研究でした. 鶏では, ボスがいるだけではなく, 1番強い個体から最下位の個体まで順位が決まっているという知見によるものです. つつきの順位であったことから, ペッキングオーダーと呼ばれました. こういう構造は現在, 優劣順位

威嚇する牛（上），グルーミングする馬（下）

構造と呼ばれさまざまな家畜で研究されてきており，いろいろな変化はあるものの，おおむね群居する動物では観察される行動であることがわかっています．なんとなく，"威張るやつ"と"いじめられっこ"の図式が思い起こされますが，実態はもう少し機能的なものです．

　もし，群れ内で優劣の順位が決まっていなければ，餌や休み場所をめぐって争いが起きたとき，それは非常に苛烈な攻撃や防衛を伴うことになります．負けた方は死亡か重傷，勝った方も無傷ではないでしょう．こうした闘争を繰り返していけば，群れにはまともな個体はいなくなってしまう，悪くすれば全体が滅亡してしまいます．そこで，前もって"強い"，"弱い"を個体間で決めておくのです．決め方は別にタイトルマッチをする必要などなく，子供の頃からの遊びのじゃれ合いの中で徐々に決まってしまうようです．

　餌や休息場所を前にして2頭が向き合ったとき，強い個体（優位個体）が「どけよ」とばかりに攻撃する姿勢をみせます．弱い個体（劣位個体）は「あっ，すいません，どきますからやめて下さい」と服従姿勢をとりながら去っていくわけです．こうして，優位個体はなんら攻撃でエネルギーを使うことなく餌や休息場所を得ることができ，劣位個体は物理的な被害を受けないばかりか，新たな餌や休息場所を探す時間が得られます．「このとき，優位個体の攻撃姿勢と劣位個体の服従姿勢はすでに儀式化しているといってもいい」と，動物行動学でノーベル賞を受賞したローレンツ博士はいっています．確かに，資源が十分量あれば，このメカニズムは効果的に作用するでしょう．

面積と順位

　家畜では一般に餌は十分与えられることになっており，その点で群飼家畜の中のこうした機構がうまく機能すればたいへん効果的ではあります．ところが，家畜を管理するうえで，家畜に与える面積はできる限り小さい方が経済的だという大原則があります．1頭当たりの施設面積が小さいほど建設費は安くなり，また毎日の労働作業線も短くなります．すると，餌は十分当たっていても，スペースの面から安寧に暮らしていけない個体も出てくるのです．そこで，こう

した家畜の群れのメカニズムと管理技術の関係を知ることが生産のうえでも非常に重要な課題となるわけです．

個体間の距離と空間構造

さて，こうした強い，弱いといった優劣関係の他にも，群れにはある種の構造があります．空間構造と呼ばれるものです．基本的に，個体同士がそれ以上近付かない距離と，群れとして互いにそれ以上離れない距離の2つの距離感からなっています．前者をパーソナルディスタンス，後者をソシアルディスタンスと呼びます．狭い施設に家畜を密飼いしたときに問題が起こるのは，互いの行動を物理的に阻害するばかりでなく，弱い個体が強い個体のパーソナルディスタンスの内側に入り込まざるを得ない，また弱い個体のパーソナルディスタンスが強い個体に頻繁に侵されるという現象に起因している部分もあるのです．

もう1つの個体間距離 −逃走距離−

家畜と人（もしくは他の動物）の間には，もう2つほどの独特の距離感があります．ファイトディスタンスとフライトディスタンスです．日本語では攻撃距離と逃走距離というように訳されています．見知らぬネコを追いかけ回して追いつめ，一定以上接近すると，ネコは攻撃を開始します．この距離を攻撃距離といいます．一方，放し飼い家畜などに見知らぬ人が近寄っていくと，ある程度の距離まではじっと接近する人をみていますが，ある距離を超えたとたんに，その家畜は逃げ出すことがあります．この接近を許す最小距離を"逃走距離"もしくは"接近許容距離"と呼称しています．

私たちの研究室では，学生や研究者が常時牛に接する大学の附属牧場と，管理者以外に人はあまり訪れない山奥の公共預託牧場で，さまざまな品種，月齢の雌および去勢牛，あわせて70頭あまりの逃走距離を測定してみました．全体の平均逃走距離は3.3mでしたが，結果的にこの距離に品種や月齢，性はほとんど無関係で，統計的に効果を持った項目は人との接触が多いか少ないかでした．

性行動と子育て

　はるか 30 年ほど前に聞いた話でありますから真偽のほどは定かではありませんが，家畜の繁殖について示唆に富む話があります．獣医師の国家試験の口頭試問の問題に「ここに 1 頭の牛がいる．君が獣医師として，この牛に人工授精をすることになっている．ところが，この牛はどうしても妊娠しない．獣医師として考えられる原因を重要な順に 5 つあげよ」というものがあったそうです．多少なりとも，畜産・獣医関係の知識があるものなら，例えば卵巣膿腫とか発情鑑定が適切でなかったとか，いくつか原因を思いつくでしょう．
　ところがこの問題の正解は，
　①その牛が雄ではないか
　②妊娠できるほど大人の牛か
　③妊娠できないほど歳をとっていないか
　④すでに妊娠しているのではないか
　⑤発情していないのではないか

だったように記憶しています．虚をつかれたというか，ふざけているというか，一瞬呆気にとられました．しかし，実はこれが当たり前で，まさに妊娠するためには，その個体が雌であり，妊娠可能な年齢でなければなりません．また，すでに妊娠している個体を妊娠させることはできません．このあたりは人間で考えても当たり前で，よくわかることです．では，最後の発情とは何でしょうか．

性行動の周期と発情

　哺乳類では，健康な成雌の繁殖器官は周期的な変化を遂げ，その変化に従って雄を受け入れ，受胎可能な時期があるのです．この期間のことを発情期といいます．また，この周期には日長に従った年単位の周期があり，さらに 3 ないし 4 週間の周期で繰り返される周期があります．日長に従って性周期を繰り返すものを季節繁殖といいます．

性行動と子育て

交尾する牛

　季節繁殖する家畜には，馬，羊，山羊などがあげられます．健康な成体雌であれば，また，まだ妊娠していなければ，馬は春先に日が長くなると発情が始まり，羊や山羊では秋になり日が短くなると発情します．そこで，馬などは長日性，羊や山羊は短日性季節繁殖といいます．日長に従いますから北半球と南半球では，ちょうど繁殖季節は逆になります（☞「雌と雄」）．それを利用して，有名な競走馬の種馬などは，わが国では春先に発情がきた雌馬に種付けし，夏にオーストラリア，ニュージーランドへ移動し，そこでまた発情のきた雌馬に種付けをするという，国際的にたいへん忙しい活躍をしています．

性行動は雄と雌のキャッチボール

　発情した雌の家畜は，期間中通常とは異なった行動をみせます．落ち着きがなくなり，よく啼き，休息時間が短く，飼料摂取量が減少します．また，産乳してる動物では乳量が著しく落ちます．この期間中に交配すれば，受胎することになります．発情期以外に精液を注入しても，一般的には受胎することはありません．人工授精をする場合は，この発情を発見し，適期に精液注入を行うことが非常に重要な仕事になります．

一般に, 雄には発情期がなく, おおむねいつでも交配できるといわれています. 最近は人工授精が広く普及し, 雄畜を用いて実際に交配を行う機会が減ってきました. そんなこともあり, また上述のような雌独特の発情という行動上および生理上の特性から, 何となく繁殖の問題は雌を中心にまわっているように思われがちですが, 実はそうではありません. 自然交配では性行動は雄と雌の相互作用, 情報と行動のキャッチボールなのです. 実際, 発情期以外の時期の雌に雄が接近しても拒絶されるだけですし, 馬などではひどく蹴られたりして危険ですらあります. それもあって, 競走馬などでは当て馬をするわけです.

この情報と行動のキャッチボールというのは, 雌の発情は日長および繁殖器官の生理的変化だけで決まっているかというとそうではなく, 雄自体の存在もどうやら結構重要で, 雄の存在が雌の発情周期を健全に回帰させる役割があるらしいのです. メールエフェクトといいます. 雄の恐らく匂いでしょうが, この刺激が雌をより確実に発情に導き, 発情した雌が雄の交尾行動を促進し, 接近および接触する雄が雌の性行動を惹起していくという, まさに情報と行動のキャッチボールのようなメカニズムがあるようです.

子育てと刷込み

生まれたての子の行動でたいへん有名な行動に, アヒルやガチョウ類のインプリンティング, 刷込み行動があります. 前述のローレンツ博士が打ち出した概念で, それまで行動が本能と学習の2つで考えられてきたことに対して, 生得的行動という新しい概念を持ち込んだものでした. この行動自体は知っている方も多いと思いますが, 単純です. 生まれたばかりのアヒルやガチョウのヒナは, 初めてみた大きくて動き回る物体を自分の親だと思い込み, ついて歩くようになるという現象です. ところが, 実はこの行動はみかけほど単純ではありません. まず, こうした現象が起きるのが, 現在までのところ, 水禽類に限られているらしいことがあげられます. これは, 水禽類では子を育てるのに特に巣を作らず, 親は移動しながら子を育てます. その結果, 親からはぐれた子はすぐさま死ぬ運命にあるのです. ですから, 彼らは命がけで最初にみた大き

くて動くものについて行くわけです．同じ家禽類でも鶏では起こりません．
　また，こうして何やら動き回る物体を親と思い込んで育った子は，成熟したのち，交配の相手もこの物体らしきものを選ぶといわれています．前節で述べた繁殖行動は生き物が存続していく限り必要不可欠な行動であり，それこそ"本能的に"正しい相手を選び，適切に完遂しなければならないはずです．すなわち，本能とは誰に教わるわけでもなく発現し，発現した当初から完成しており，いったん開始されたら完遂されるまで終わらないとされております．ところが，刷込み行動では"親"という本能で察知しなければいけないはずのものを間違えるばかりか，将来の繁殖行動まで影響されてしまっているのです．これが生得的行動です．

馬や牛の子育て －フォロワータイプとハイダータイプ－

　草食家畜の子育て戦略は独特なものがあります．恐らく，草原などで巣も作らず，外敵に曝されながら分娩して子育てしたことから発達したものでしょう．この草食動物の子育て戦略には2つのタイプがあります．両者の典型が馬と牛です．
　群れで暮らしている馬は，分娩する前に群れからやや離れるようです．産み落とされた子馬は一般に非常に早い時間で立ち上がり，直後から母馬について歩きます．もっとも，最初の頃は子馬は母馬がうまく認識できず，ふらふら歩き回りますが，やがて母馬以外の馬を避けるようになります．およそ5，6カ月の間，母馬は子馬を連れて歩きます．
　一方，牛ではかなり様相がかわります．屋外で放牧飼養されている牛が分娩するとき，やはりやや群れから離れて子を産み，出生直後の子牛の体を嘗めて胎盤や体液を取ってやったり，初乳を飲ませてやったりするのは馬と同じです．ところが，その後母牛は子牛をおいて群れに戻ってしまうのです．子は哺乳が終わるとその後はじっと草むらでうずくまって，また母親がやってきて乳を飲ませてくれるまで待っているのです．こんなことから，牛は子隠しをする，すなわち英語でハイダー型と呼ばれるタイプの子育てをする動物に分類されてい

フォロワーである馬の親子（上）と子牛の保育園（クレッシェ，下）

ます．なお，こうした行動は決して積極的に子供を隠しているわけではなく，置き去りにしているとして，レイイングアウト型と呼ばれることもあります．

　なお，馬のように子供を連れて歩く子育て方式をとる動物は，フォロワー型と呼ばれています．フォロワー型は，馬のほか羊が知られています．ハイダー型は牛のほか山羊が知られ，野生動物ではシカやカモシカの類が子隠しをする

動物として知られています．

ハイダーとフォロワー，どっちが有利か

もし，草原で子を育てているとして，この2つのタイプのどちらが得でしょうか．リスクとメリットを考えてみましょう．ハイダー型では親がついてないので，子はむき出しの危険にさらされます．一方，フォロワー型は母親が常時そばにいて子供を守ってやるので，子は比較的安全に暮らすことができます．ただし，子がうまく隠れていてみつからなければ，親は子の面倒をみることなく十分食べて休むことができるでしょう．これは多分，乳量の増加となって，子に還元されるでしょう．フォロワー型の方は，動きは遅く捕食者に狙われやすい子を連れて歩かなければなりません．これは結局，大きなリスクを背負うことになるでしょう．どうやら一長一短があるようです．

ハイダー型の牛などは，子がある程度大きくなると，また少しかわった行動パターンを示します．親の群れとは別に子だけで群れを作るのです．この，子だけの群れを"保育園"といい，通常はフランス語でクレッシェ（保育園）という言葉で表現しています．クレッシェはシカや山羊などでもみられるようです．

普通，母牛群とクレッシェは"離れず混ざらず"で行動していますが，母牛群が休息から採食へ移行するとき，あるいはその逆の移行期に子牛群と混ざり合って，哺乳したり世話をしたりします．なお，北米やオーストラリアの広大な荒野の放牧地では，食べられる草はパッチ状に散在しています．こういったところでは，放牧牛群の母牛たちはクレッシェに子牛を残して非常に遠くまで採食に出かけます．そんなときはクレッシェに乳母牛（ナーシングカウ）が残って，子牛を見張る行動が観察されています．

乳と肉をつくる

乳搾り

　哺乳動物の乳汁は，非常に栄養価に富んだものです．牛乳の例で示すと，鉄分を除いてほぼ完全食品に近いといわれています．人類が動物の乳を食糧として利用したのは，かなり古い時代からでしょう．牛の家畜化が紀元前4,000から5,000年，羊や山羊は紀元前9,000から1万年前といわれていますから，この頃から哺乳動物の乳汁の利用は始まっていたものと思われます．

　牛について，搾乳されていたという証拠の最も古いものの1つは，紀元前3000年のメソポタミアのモザイク画です．この図では，牛は両後肢の間から搾られています．次いで，歴史的に有名な搾乳の図は，紀元前2000年頃のエジプト第11王朝の時代のレリーフで，この図では牛は右側面から搾られており，現在の手搾り風景に近くなっています．

　哺乳類の乳汁は乳腺で分泌され，乳頭を通じて排出されます．この経路はカモノハシなどを除きおおむねどの哺乳類も同じで，それ以上の分類はあまり説明されていません．ところが，私たち人類が歴史的に比較的頻繁に乳汁を利用する家畜と，そうでもない家畜では乳頭の構造が違うのです．

人の乳房，牛の乳房

　図に人の乳房の模式図と牛の乳房の模式図を示しました．人の乳房は乳腺からのびた乳腺管が直接乳頭に開口しています．この，人の乳頭部分を棒などで矢印方向へ押した形を想像して下さい．乳頭は乳房組織の中に埋め込まれていき，ついに陥没してしまいます．牛の乳房はさらにこれが極端に押し込まれ，乳頭が裏返しに近い状態になっているのです．そして，周辺の乳房の組織が発達して前方に管状にのび，一種の乳頭を形成しているのです．すなわち，牛や山羊，馬で，私たちが乳頭と呼んでいる部分は，人や豚，犬とは全く異なる部分なのです．乳房の組織が盛り上がってできあがった乳頭状のもので，そんなこ

乳と肉をつくる　　　153

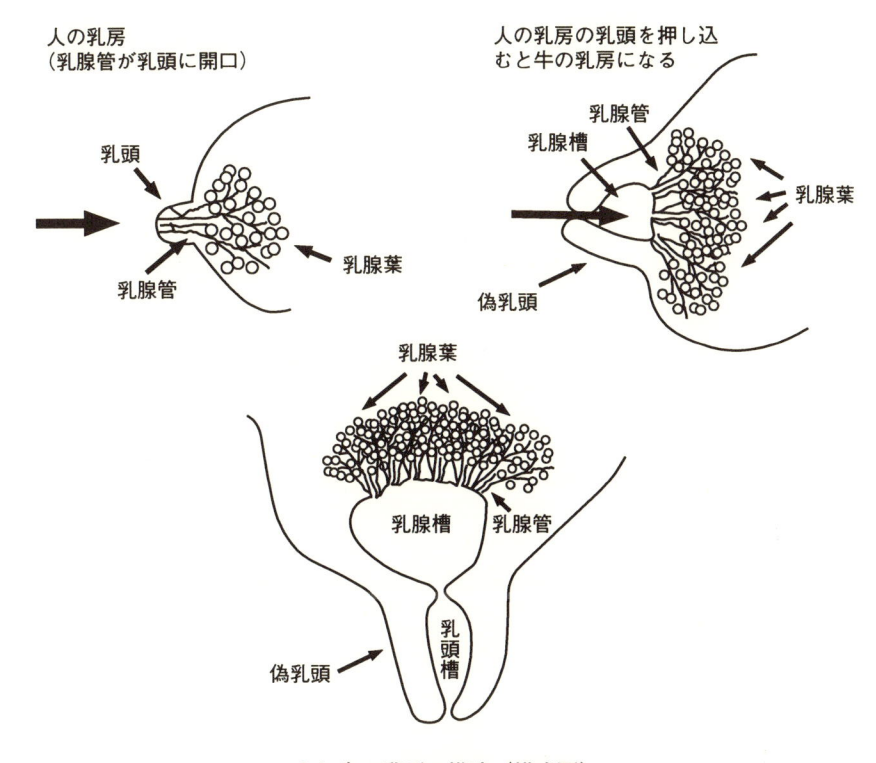

人の乳房
（乳腺管が乳頭に開口）

← 乳頭
← 乳腺管
← 乳腺葉

人の乳房の乳頭を押し込むと牛の乳房になる

← 乳腺管
← 乳腺葉
← 偽乳頭
← 乳腺槽

乳腺葉
乳腺槽　乳腺管
偽乳頭　乳頭槽

人と牛の乳房の構造（模式図）

とからこの部分は偽乳頭と呼ばれています（☞「乳は子の食べもの」）．

乳搾りの現在

　現在の酪農現場で，機械搾乳により牛から乳を搾るシステムには，大きく2つのシステムがあります．牛のところに乳を搾りにいくシステムと，牛に搾られにきてもらうシステムです．前者は繋ぎ飼い牛舎で行われ，後者は放し飼い牛舎で行われます．
　繋ぎ飼い牛舎では，牛は1頭ずつ繋がれて飼われています．普通，2列で互いに頭を向ける（対頭式）か，お尻を向けて（対尻式）います．対頭式は飼料給与に都合がよく，対尻式は搾乳に都合よく考えられています．いずれにせよ，繋

ぎ飼い牛舎では減圧した空気が流れるエアパイプと牛乳が流れるミルクパイプの2本のパイプラインが敷設され，搾乳時には作業者は4つのティートカップとクロー，それぞれのチューブ（ユニットと呼称します）を抱えて，牛ごとに搾って歩くことになります．ティートカップとは乳頭に吸い付く搾乳器の部分で，クローはティートカップから出たチューブが1つにまとまっている部分です．

放し飼い牛舎では，ミルキングパーラーという小屋があります．搾乳時にはここに牛が誘導され，ミルカーを着けられます．例えば，4頭複列式パーラーですと，搾り手をはさむように設けられたプラットホームの片側に牛4頭が誘導され固定されます．搾り手はこの4頭に4台のミルカーを装着します．終わったところで，次の4頭をもう片側のプラットフォームへ誘導し，ミルカーを着けます．着け終わった頃には，初めの4頭の最初の牛の搾乳が終わっていますから，順次外してまた別の4頭を誘導してきてミルカーを着け，流れ作業で搾っていくことになります．この方式ですと，100頭や200頭の搾乳牛に対応できます．パーラーの規模を大きくし，搾り手を増やせば，1,000頭規模の搾乳も可能ですし，実際に存在します．

ミルキングパーラーのタイプ

ミルキングパーラーにはさまざまなタイプがあります．一般に，前節で述べたようなプラットフォームが2列あり，その間で人が搾乳するタイプが普通です．なお，この搾乳者が作業する部分をピットといいます．このプラットフォームに牛を立たせる立たせ方にもいろいろあります．牛を少しずつずらして斜めに並べる方式があります．ピットの作業者にとっては，牛の乳房の部分に触ることができればいいのです．ヘリンボーン型といわれています．それに対して，直線で牛を並べていくタイプをタンデムタイプといいます．さらに，長さを短縮する並べ方として，牛のお尻をピットに向けた形で平行（パラレル）に並べ，両後肢の間から搾乳を行う方式があります．ライトアングル方式とか，パラレル方式といわれています．

こういった，牛をずらりと並べる方式と全く異なるパターンがあります．ロー

タリー式とか，カルーセル式といわれる方式です．カルーセルとはメリーゴーランド，いわゆる回転木馬のことです．このパーラーには巨大なドーナツ状の円盤がゆっくり回転しています．牛は1カ所からその回転板に乗り固定されます．ちょうど1周したところで搾乳が終わるようになっており，そこで搾乳者がミルカーを外してやり，牛は回転板を降りて，パーラーの外に出ていきます．

おいしい肉をつくる

最近の欧米やわが国では，密飼いで飼われたブロイラーや肥育豚の評判があまりよくありません．「不健康な環境で薬漬けで飼われていたふにゃふにゃの肉」といったイメージがあるようです．

こうした肉は，性成熟を含めていわゆる成長が完成する前にト殺していることになります．肉の味は，成長しきった個体で最もその動物の肉らしく，おいしいといわれますから，ブロイラーに対して味の点で不満を持つ方がいても決して不思議ではありません．ただし，考えておかなくてはならないのは，付加価値として穀類を肉に変換するなら，その変換効率を最も高く持っていくべきです．その点で，豚やブロイラーは人類の食糧問題に大きな貢献をしているわけです．

霜降り肉をつくる

具合よく霜降りが入った牛肉はたいへんおいしいものです．これは誇ってもよい肉質で，世界的にも非常に有名です．ところで，この霜降り肉は餌のやり方でできるかというとそうではなく，基本的な部分は遺伝的に決まってくるものらしいのです．同じ和牛でも霜降りのできやすい系統とそうでない系統があり，この系統のことを"つる"と呼んでいます．

和牛での肉生産システムの概要は以下のようになっています．まず，子牛生産農家が雌牛に，霜降りのできやすい"つる"の雄を交配し，子牛を生産します．この子牛は，6カ月齢くらいまでこの農場で育てられ，およそ250 kg程度になってから育成肥育農家に売られます．現在では，育成と肥育は1本化して

いるところが多いようです。ここで、体重と月齢により、育成後期、肥育前期、肥育後期とステップを踏み、およそ30カ月齢で700 kgくらいに仕上げられ、ト殺されます。この間の餌は草食家畜でありながら、穀類が非常に多い餌を多給されます。特に肥育後期では、いわゆる自由摂取で穀類主体の濃厚飼料を与えられ、全飼料の1割程度が粗飼料です。この粗飼料も、本来草食動物である牛が穀類多給で消化器官の調子を悪くしないように与えているだけです。さらに最近では、この肥育後期にはビタミンAを抜いた濃厚飼料をやるようになってきています。経験的にビタミンA欠乏状態の方が、霜降りができやすいことが知られてきたからです。

乳牛の牛肉

和牛がわが国の牛肉消費量で占める割合は30％程度です。残りのうち30％はホルスタイン種など乳牛の雌です。搾ったあと肥育されたり、あまり乳用牛として優秀でないと判断された雌が肥育され肉となります。残りのうち、さらに30％はホルスタイン種の雄です。出生後、1週間ほど各酪農家で育てられた雄子牛は、哺乳・育成施設に渡されます。およそ6カ月齢250 kgで離乳したのち、肥育まではおよそ12カ月で行われます。このときも、和牛同様の濃厚飼料多給方式で肥育し、最終的には700〜800 kgでト殺されます。

密飼い肥育される肉牛（左）と山地傾斜地で放牧される肉牛（右）

草でつくる牛肉

　実はわが国においては，牛肉生産は豚や鶏同様，穀類を主体とする濃厚飼料多給で飼われているのが現状です．しかし，技術的には，いわゆる放牧と乾草やサイレージなど貯蔵粗飼料を多給し，仕上げ時の一時期だけ，肉質向上のために濃厚飼料を食べさせて550〜600 kgの肉牛を生産することは難しいことではありません．例えば，北海道大学農学部附属牧場で行われているヘレフォード種肉用牛の生産方式では，子牛を春に生ませて，その年の放牧シーズンは母牛と一緒に秋まで連続放牧します．冬は牛舎で飼われますが，乾草やサイレージはたっぷりと与えられます．春がくるとともに，若牛は放牧に出され，秋までたっぷり草を食って暮らします．冬がきて放牧地をおりた牛たちは，また屋外放し飼い施設に収容されます．このときはすでに18〜19か月齢になっています．ホルスタイン種肥育牛ですと仕上げ時の700 kgになっている月齢ですが，体重はこの時点で350〜400 kg程度です．そこで，今度はいよいよ肥育です．サイレージや乾草に加えて濃厚飼料も食べ放題にしてやります．冬中この飼い方で暮らし，春になり650 kgくらいで出荷されるわけです．

　700 kgの牛を作るのに，濃厚飼料多給方式ですとおよそ4tの穀類を消費します．一方，牧草主体方式では1t弱で650 kg程度の肉牛が生産できます．穀類の消費量は1/4で，未利用の傾斜林地が有効に活用できる優れた方法であります．しかし，この方式はあまり普及していません．生産に要する期間が長いという点や，牛肉市場が"霜降り肉"を基準に組み立てられていること，草主体で生産した牛肉では，カロチンというビタミンAの前駆物質が脂肪に沈着するため脂肪が黄色みを帯びてくることなどで，マーケットで嫌われているのです．うまくいかないものです．

放牧と遊牧

放牧ってなあに

　ここで少し，放牧について説明しましょう．放牧をする放牧地には大きく分けて2種類あります．自然の草地を利用した放牧地と，人が作りあげた放牧地です．前者には，中央アジアの草原地帯やアメリカ大陸の草原地帯があります．後者は人が牧草の種を播いて少しずつ作りあげてきたもので，その点で畑と同じです．もっとも，自然の草地を放牧に利用する人々は，それはそれで実に巧妙に使っており，歴史的に作りあげたものといってもよいかもしれません．

　人工草地は特殊な世界です．人が育種した数種類の草種が非常に大きな面積を占有しています．非常に豊かな自然景観にみえますが，特殊な人為的に作られた空間でもあります．

放牧方式のいろいろ

　放牧方式として，連続放牧と時間制限放牧があります．連続放牧では文字通り，放牧された家畜は24時間連続して放牧されます．時間制限放牧とは，例えば日の出から日没までとか，午後いっぱいとか，午前と午後に2時間ずつなど，時間を制限して放牧することをいいます．また，放牧地の使い方として，輪換放牧と定置放牧という使い方があります．輪換放牧とは，1つの放牧地をいくつもの区画に分けて，家畜群を順次放牧していくやり方です．輪換放牧をさらに集約的にした方法として，ストリップ放牧という放牧方式があります．電気牧柵などを利用して，放牧地を細長い区画に仕切り，1日1区画ずつ食べさせて行く方式です．細長い牧区を作ることからストリップ（細長い）という呼称が使われているわけです．一方，定置放牧とは，放牧地を特に小さく区画することなく1枚として利用し，放牧シーズンを通じて同じ牧区に家畜を放牧するものです．

　放牧の最大の長所は，いちいち家畜に餌をやらなくても，家畜をそこに入れ

ておけばしっかり食べてくれるという点にあります．また，放牧地の草は一般に嗜好性がよく高い栄養価を持ってます．最近は畜舎での糞尿処理が大きな社会問題となっていますが，放牧地では糞尿は自然に大地に還元されます．

一方，放牧の大きな欠点は，嗜好性や栄養価が季節的に大きく変動すること

開始時草量（初期値）が低く，そのため食草頻度が高い

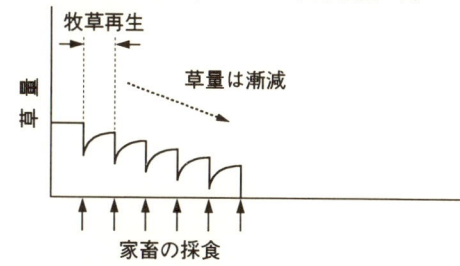

牧草再生　草量は漸減

草量

家畜の採食

開始時草量（初期値），食草頻度が適切

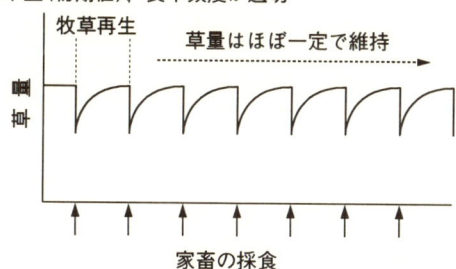

牧草再生　草量はほぼ一定で維持

草量

家畜の採食

開始時草量（初期値）が高く，そのため食草頻度が低い

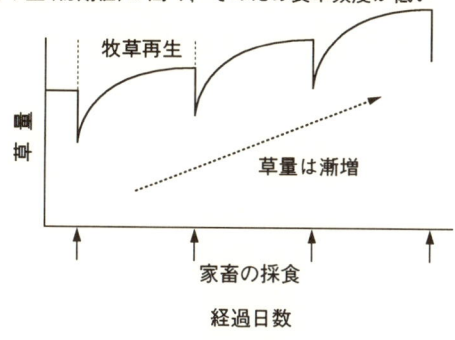

牧草再生

草量

草量は漸増

家畜の採食

経過日数

草地の草と家畜の採食の模式図

があげられます．また，放牧地では，どの個体がどれだけ草を食べたかわかりません．

放牧地という複雑系の世界

さて，集約的な輪換放牧を行っていると，人と家畜と草が織りなす不思議な複雑系の世界が垣間みえてきます．複雑系の世界の初期値は，変化の回帰式自体を変化させてしまうような構造を持っています．輪換放牧における放牧開始時の草量や草高は，典型的な複雑系の初期値のような動きをします．放牧シーズンを通じて，家畜が食べる餌は，この放牧開始前に生長した草と喰われたあと再生した草です．開始が遅く，放牧地の草量が多い状態で放牧を始めると，家畜はたっぷり食べられるかというと，そうではないのです．

草が多いと家畜は食べ残すばかりか，食べやすい部分のみを採食します．そこで，遅く放牧を始めた草地では，家畜が草を残し気味になります．輪換放牧では家畜が食べる量を見越して，1つの区画の滞在日数を決めます．ストリップ放牧ならば区画面積を決定します．区画内の草量が多い場合は滞在日数が長くなり，全体としての輪換日数が増加します．同じ区画に戻ってくるまでの日数が増えるということは，草はますます伸びます．こうして，放牧地全体の草量や草高は加速度的に増加し，草量は右肩上がりのカーブとなっていきます．

一方，非常に早く放牧を始めた場合，草量が少ないわけですから，1区画の滞在日数は少なく，十分牧草が再生する暇もないうちに，次の放牧がその区画で行われてしまいます．草量や草高は徐々に減少する右肩下がりのカーブになり，夏にはついに食べる草がなくなってしまうという事態にもなりかねません．開始時期がちょうどうまくフィットしたならば，輪換放牧で各小区画における草高および草量は，おおむねどの時期も同じようになることになります．

実際にこうした放牧を行っている農家で，放牧開始時期をうまく調整し，さらに輪換する間隔をうまく調整することにより，年間を通じて草高や草量を一定に保ったという例があります．放牧地では人がコントロールした放牧管理で草に対する家畜の圧力がかわり，それがまた家畜の採食量に影響し，変化した

採食量が草の戦略をかえ，草がかわることにより管理も変化します．互いが強く影響しあう，まさに不思議な複雑系の世界です．

遊牧ってなあに

放牧によく似た家畜の飼養形態に，遊牧という形態があります．遊牧は家畜の飼養方式というだけではなく，人々の暮らしの生活形態を指す呼称でもあります．では，放牧と遊牧とはどう違うのでしょうか．

遊牧の特徴は，移動することと牧柵がないことにあるのでしょう．季節ごとに最も適した草地に家畜を放すため，遊牧民は東西南北に家畜と家族を連れて移動します．厳密にいうと，移動しながら家畜を飼っているわけではなく，移動中ももちろん草を食べさせますが，春夏秋冬のそれぞれの営地へ移動して，そこをキャンプとして日帰りもしくは何日かの放牧を繰り返していることが多いようです．

遊牧と畜産の起源

畜産の起源として，次のような図式が考えられたことがあります．シカやカモシカなどを狩猟採集していた民族は，ごく自然に狩猟対象のこういった動物の群れの移動に合わせて移動するようになります．狩猟対象の動物が絶滅したら人も生きていけなくなるので，狩猟圧は自然にコントロールされるようになり，またオオカミなどの捕食者から群れを守るようにもなる．すると，自然にこうした群れに対する所有感覚が生じる．こうした狩猟形態が何千年も続くうちに，遊牧という形態に発展し，遊牧形態が囲い込みを生んで現在のような家畜飼養形態になったというものです．

納得しやすい説ですが，大規模なレンジ放牧や北欧のトナカイ放牧の実態を検討すると，上記の流れは逆だったのではないかと思われるのです．

遊牧は忙しい

遊牧という言葉から，甚だ牧歌的情緒を感じるのは私だけではないでしょう．

家畜の群れを見張りながらのんびり旅を続け，ときどき寝ころんで笛なんぞ吹いて，夜は夜で星を数える生活です．もちろん，そんなのんびりした生活ではなく，家畜を見張る遊牧民はひとときも油断はできません．家畜の群れが分散しないよう，さらに勝手な方向にいかないよう常に制御を続けています．そればかりではなく，彼らは家畜の本来の行動パターンを人為的に破壊，変容させているようにみえます．

一般に，広大な放牧地（囲いのある）に連続放牧された牛や羊は，独特な採食行動のパターンを示します．まず，日の出・日没時に非常に盛んに草を食べます．このとき，群れは大きく広がります．この2つの時間帯の間は小規模な採食と休息を繰り返します．もちろん，朝夕の採食も，その間の採食も休息も，みな全群揃って行います．群れ行動の斉一性といわれています．日中暑い時期は，日陰で休息することが多くなり，小規模な採食はあまり行いません．そのかわり，夜間の小規模な採食が盛んになります．

ジュンガル砂漠の冬の羊放牧

では，遊牧の家畜の行動はどうでしょうか．中央アジアのジュンガル盆地からアルタイ山脈にかけて遊牧生活を行っているカザフ族の冬の遊牧を例にとって考えてみましょう．この遊牧民は，夏は高いアルタイの高々度地帯に上がり，

冬はジュンガル盆地の砂漠に入ります．砂漠といっても砂ばかりではなく，イグサに似た野草などがぽつぽつと生えています．冬はこうした植物は枯れてしまいますが，この立枯れした野草を羊に食べさせるために砂漠に入ります．また，冬は積雪により砂漠といえども水の心配がなくなります．彼らは300頭ほどの羊，20頭ほどの山羊を連れて，堆積して硬くなった家畜の糞で作った家畜囲いを中心に，キャンプを設営します．朝，羊を囲いから出して管理者は砂漠の中を追っていきます．おおむね，4，5km離れた地点までいって，夕方キャンプに戻るまでそのあたりをいったりきたりして家畜に枯れた草を食べさせています．そして，夕方キャンプに戻り，家畜を囲いに入れて朝までそこに入れておきます．

この日中の日帰り遊牧の間，管理者は一度も羊を休ませることなく，常に移動させ食べさせ続けます．遊牧民の羊の行動パターンは日中は移動と採食，夜間は休息という特異的なものでした．後述のコンピュータ利用の飼料給餌機を使うと，家畜の採食パターンを変容させることができます．しかし，遊牧民はコンピュータなど使わず，家畜の行動パターンを変容させていたのです．

環境を考慮した技術としての遊牧

こんな風に強く家畜の行動制御しているのは，恐らく彼らの土地の生態的資源量が限定されていることによるのでしょう．家畜の好きなように採食，休息させたら，畜群は一部地域の植物を食べ尽くし，また踏み尽くしてしまうでしょう．本来砂漠であるこの一帯では，局部的な強い放牧圧は植生にとって壊滅的な影響を及ぼすのでしょう．そこで，遊牧民は薄く広く採食させ，単位面積当たりの放牧圧を一定以下に維持するため，家畜の行動パターンを破壊するほどの行動制御をかけているのではないでしょうか．このあたり，前節の集約放牧の考え方と似ています．

人の側の制御の強さからみると，粗放放牧→集約放牧→囲い込み→遊牧という図式が想定されます．遊牧は狩猟から生まれたものではなく，囲い込みから生まれた方式かもしれません．

家畜は学習する

学 習 と は

　学習とは，それまで発現しなかった行動を何らかの刺激により発現する一連の行動です．"慣れ"，"古典的学習"，"操作的学習"，"弁別学習"，"洞察学習"などに分けられています．このうち慣れとは，日常的に繰り返される行動が習慣化するもので，特に報酬や罰が与えられる種類のものではありません．古典的学習とは，有名な"パブロフの犬"の実験で，いわゆる条件反射（正確には無条件反射）のことです．ベルの音を聞かせながら肉を与えた犬はベルの音だけで唾液の分泌が盛んになるという現象を示しています．条件反射は一般的な会話の中でよく使われる言葉ですが，外部刺激で自律神経系でさえ"学習"するという現象を示すもので，報酬や罰を期待して個体が判断する学習とは異なります．

スキナーボックスと迷路

　操作的学習はスキナーボックスで知られています．動物がランプや絵の指示に従ってペダルを踏むと餌が出てくるというシステムです．この学習行動は家畜にはよく利用されており，手近な例では，繋ぎ飼い牛舎で各個体に水を給与するウォーターカップがこれによく似ています．ウォーターカップは洗面器のような形状の器に舌状の弁が付いており，牛はこれを鼻で押すと水が出てきて飲水できるという構造になっています．

　一方，弁別学習ではもう少し高等な行動が期待されます．家畜は光や図形，色の標識に従って，正解と不正解を弁別しなければなりません．家畜の色覚検査でよく用いられるY字迷路の例で説明しましょう．まず，家畜にY字迷路を歩かせ，あらかじめ用意した識別標識である色を選ぶと餌が置いてある場所にたどり着けるという行動を学習させます．おおむね30回程度の試行で，統計的に意味のある正解率に達します．個体がこの迷路を理解したと判断された段階で

家畜は学習する

カランゲート
首輪に着けたタックの信号と飼槽のドアのセンサーが合わないとドアが開かない．牛は各自の飼槽の位置と開け方を学習しなければならない．

色を変化させていくわけです．正解と不正解の間の色の違いが識別できない場合は，正解率は統計的に意味がないところまで落ちますし，識別できるならば高い正解率を維持することになります．ちなみに，たいていの家畜は色を識別し，家畜種によりはっきり識別できる色に若干違いがあり，また視力は人のランドルト環での測定で，1.0以下の近視であるらしいとされています．また，牛や馬では半年程度は記憶が持続するらしいことが示されています．

洞察学習はかなり高度な学習で，家畜ではあまり行われたという報告は聞きません．よくチンパンジーなどで行われる学習で，天井に吊ったバナナをとるために，いすを持ってくるとか，それに届く長い棒をとるために短い棒を使うといった，報酬を得るための2段階，3段階の手順を洞察しなければならない学習方法です．

管理を学習した豚たち

さて，こうした学習はさまざまな局面で家畜管理に応用されています．後述

の電子機器による家畜の制御とともに，近年発展してきた管理技術です．

わかりやすく，また生産に直結した学習利用の管理技術として，豚の温度コントロールシステムの例を紹介します．これは，カナダの中央部のマニトバ州の豚の行動の研究者が紹介してくれた例です．この州の冬は恐ろしく寒く，－70℃にもなることがあるところです．寒さに弱い豚には温度コントロールが欠かせません．そこで，冬中の暖房費はかなり経費を必要とします．

一般に快適だと思う温度域は，家畜によって異なります．この温度域は，実は睡眠・休息時と活動時間帯では異なるのです．睡眠・休息時の方が，やや温度が低くても快適に感じます．こうした睡眠・休息時と活動時の温度域の差に，この行動研究者は注目しました．

まず，豚舎内の温度を2段階に設定し，低い方は睡眠・休息時の快適温度帯に合わせ，高い方は活動時間帯の温度域に合わせておきます．高い方の温度域は一定時間が経過するとスイッチが切れ，低い温度帯へ移行するようなシステムになっています．そこで，各豚に寒いと感じたら，高い温度域まで暖房が入るよう，鼻でスイッチを押すように学習させます．活動時間帯の豚はもし寒いと思えば鼻でスイッチを押すようになりますが，睡眠・休息時には快適な温度帯でもあり，また非活動時間帯ですからスイッチを押すことはありません．豚は1日の半分は"まどろみ"もしくは睡眠状態にあります．この操作をした豚房では，1日の半分は暖房費を低く抑える結果になります．実際，この研究者の所属する大規模な豚ステーションは，この豚自身の温度コントロールシステムにより，非常に高額な経費節減に成功したとのことです．

なお，この施設では，さらに別の学習システムを豚たちに課して管理しています．豚の飼料に適度に水を加えると，食べやすく消化もよいといわれています．そこで，この施設では，飼料が給与される飼槽に鼻で調節する給水ペダルを付けて，豚自身が最も食べやすい形状になるまで水を出すことができるようにして，豚自身が調節するように学習させました．これも，なかなかいい成績を納めているようです．

家畜を管理するロボットたち

　わが国には戦前，150万頭を越す馬が飼育されていました．しかし，現在は10万頭強の飼育頭数と，1/10以下となってしまいました．しかし，馬が1頭1馬力の力を持つとすると，わが国は未だ10万馬力の力があることになり，わが国の国力は鉄腕アトムに匹敵します．

　鉄腕アトムは漫画の中だけに存在していますが，実は鉄腕アトムほど優秀ではなくとも，わが国にはたくさんのロボットが家畜生産現場で働いています．コンピュータによってコントロールされた家畜管理機器たちです．もちろん，畜産の現場で働いているロボットたちは，人型のアトムのような形はしていません．また，自動車組立て工場にあるような長いアームが付いているものでもありません．

ロボット乳母豚

　1980年代の後半に，北米にある大学の家畜行動学の研究室でロボテックソウというロボットが開発されました．ここでいうソウとは雌豚，母豚のことです．赤ん坊用のベッドを一回り大きくしたような機器で，およそ1/3が哺乳用の乳汁タンクと子豚頭数分の人工乳頭を仕込んだボックス，制御機器で占められ，残りは子豚が暮らすスペースとなっていました．開発した教授は嬉々として，この保育箱にロボテックソウと命名しました．

　近代養豚のシステムの中で，母豚による子豚圧殺事故は無視できないほど大きな損耗を引き起こすのです．そこで，哺乳自体を機械にやらせようと試みたものでした．この機器は，母豚と子豚の行動の特性をよく取り込んだ興味深い作用機序を持っていました．実は，現在まで開発されたコンピュータコントロールの家畜管理機器は機械任せではなく，家畜の行動特性を上手に利用したものが多いのです．

　子豚に哺乳するためには，一定時間ごとに乳を飲ませる乳頭に子豚を呼び寄せなければなりません．このロボテックソウでは，光と音との2つの刺激を利

用していました．まず，通常の状態では，子豚の居住区間の端に保温も兼ねた照明が灯っています．哺乳時間になると，居住スペースの照明が消えて，哺乳機の前を照らす照明灯が点灯します．これが子豚に対する第1の刺激で，学習が進むとこの段階で子豚は哺乳機の前に集まり，乳頭が機械から突き出されるのを待つようになります．

次に音が出ます．これは，母豚独特の授乳行動直前のゆっくりしたリズミカルな鳴き声を録音再生したもので，自然哺乳下では子豚を呼び集めるときに発声される音です．次いで，子豚の数だけ設置された乳頭が機械から突き出され，子豚は乳頭にとり付きますが，乳汁はまだ出ません．しばらくのタイムラグののち，今度は母豚授乳時に乳汁分泌が始まるときの鳴き声，早いテンポのリズムでの鳴き声が出され，乳汁分泌が始まります．当時としてはかなりよくできた機械であったと思われますが，その後，養豚現場でこの機械が使われているのをみないので，あまり普及はしなかったのでしょう．

ロボット乳母牛

現在，北海道を中心に盛んに使われ始めている哺乳ロボットは子牛用のものです．この機械は上記の豚用のものとは違い，子牛用放し飼い牛舎の一画に設置するもので，子牛が1頭だけ入り込めるストールと，その端に設置された乳首が突き出るようになったボックスからできています．子牛哺乳ロボットは，子牛が装着した識別用首輪タッグの信号を読み取り，個体ごとに一定時間をおいてその都度電子レンジで暖めた乳汁を給与するシステムになっており，1台乳頭1つでおよそ30頭程度の子牛の哺乳が可能だということになっています．

搾乳ロボット

搾乳ロボットはオランダで開発され，北海道を中心に，わが国でも使っている酪農家が増えています．これもアトムが搾乳するわけではなく，牛を収容するボックスとミルカー自動着脱機からできていて，牛がそのボックスに入り込むと，乳頭の位置を自動的に検出し，腹部の下方に入り込んだユニットから

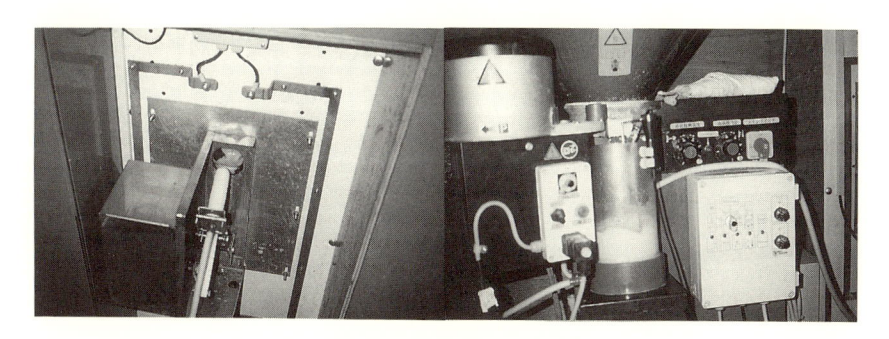

ロボット乳母牛とその裏面
子牛の鼻がみえる．機械，シュート．

ティートカップが出てきて乳頭に装着され，搾乳するシステムになっています．こうした搾乳ロボットでは，牛舎は休息舎と給餌舎の2つの空間が搾乳ボックスと一方通行のゲートをはさむように設けられており，休息舎の牛が餌を食べるためには，搾乳ボックスを通過しなければ給餌舎にいけません．なお，給餌舎から休息舎へは，一方通行のゲートで通れます．ですから，牛は給餌施設へいくたびに搾乳されることになります．個体によっては1日に何度も搾乳されることになりますが，牛の生理上，多回搾乳の方が乳腺槽への負担が少ない分，乳量には好影響があるかもしれません．

搾乳ロボットには興味深い効果も期待されます．北海道の酪農地帯の電力消費量は朝夕の搾乳時に跳ね上がり，送電に非常な負荷がかかります．しかし，他の大半の時間帯はごく少ない電力消費量ですから，この4～6時間のために全体の送電量を大きくするわけにはいきません．ロボット搾乳が普及すると，搾乳は牛任せで1日中行われますから，電力消費を平準化することができます．

家畜の動きをコントロールする

人の立つ位置

　移動している家畜を，意図する方向に方向転換する方法には，逃走距離を利用した方法があります．例えば，図のように1本道を家畜群が人に追われてやってくるとします．あなたは，その途中にあるゲートを通して家畜を別の牧区や畜舎の方向に，方向転換させなければなりません．そこで，畜群を移動させた経験のないあなたは，曲がるべき角のすぐ前に立って待ち受けます．すると，畜群は曲がるべき角から何mも離れた位置で停止してしまいます．すなわち，畜

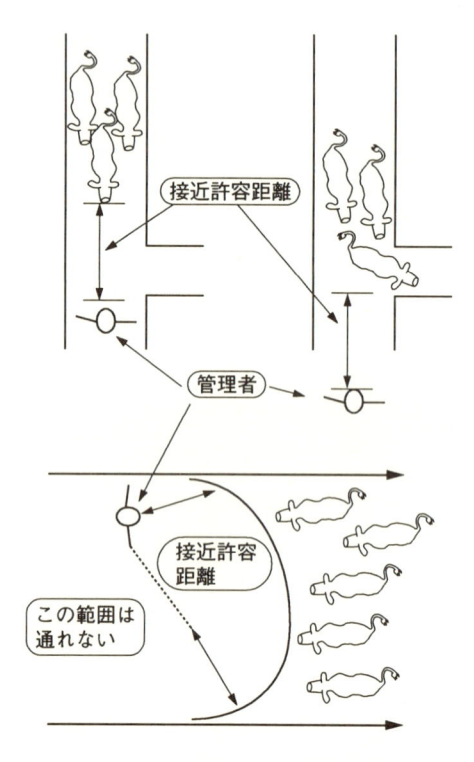

牛を追うときの立ち位置と接近許容距離

群はあなたから，逃走距離分だけの間隔を置いて立ち止まってしまうわけです．
　畜群を方向転換させたい位置から，その家畜群の逃走距離に相当する距離分だけ後ろへ下がって畜群を待つと，追われてきた畜群はそこまできて，あなたをみて立ち止まります．そこで，横をみるとゲートが開いているので，そちらの方向へ進んでいくことになります．

杖と鞭の効用

　逃走距離という非物理的なこの距離感覚は，直接の人の体までの距離ばかりではなく，人が持っているものまでの距離でもあります．この行動を，人類は非常に古い時代から利用してきました．それが，杖と鞭です．こうした道具は家畜を叩き，物理的に誘導するために使われているように思われがちです．実は，これらは管理者の手の延長なのです．畜群は杖や竿の先から，さらに逃走距離分だけ離れた位置で立ち止まるわけです．人の手の長さは 1 m はありません，1 歩踏み出して 1 m をカバーできるとします．牛の逃走距離が 3 m とすると，手の先から 3 m，人の立っている位置から 4 m の範囲が片側で人 1 人がカバーできる範囲です．もし，1.5 m の杖を持っていると，この距離は 5.5 m となります．
　鞭の場合はどうでしょう．これは軟らかくまっすぐ突き出すことはできません．古い TV 映画でローハイドという西部劇がありますが，そのテーマミュージックには鞭の音が使われていました．長い鞭をうまく使うと，空中でピストルを撃つような激しい破裂音を出すことができます．この音が人の存在のかわりなのです．この音が発生した位置から逃走距離分の間隔を置いて，家畜は行動することになるわけです．
　左の図は，杖や鞭を使って家畜をコントロールする範囲を広げていることを示しています．

家畜の病気，人の病気

人畜共通伝染病

　WHO が定義する人畜共通伝染病（zoonosis と呼ばれます）に入る疾病は世界でおよそ 200 種にも及び，わが国で発生がみられたものは約 100 種あります。これらには，ウイルスによるもの，リケッチアやクラミジアなどによるもの，細菌によるもの，放線菌や真菌などかびの仲間によるもの，原虫類や寄生虫によるものなどがあげられます。以上のように原因別に分類するほかに，伝染病として，人も家畜も重篤な症状を呈するもの，家畜では深刻であるが人ではさほどでもないもの，家畜では無症状もしくは軽度でも人では重大な疾病とみなさ

人畜共通伝染病一覧

病　名	人以外の感染動物	病　因
狂犬病	牛，水牛，馬，めん羊，山羊，豚	狂犬病ウイルス
口蹄疫	牛，豚	口蹄疫ウイルス
牛痘	牛	牛痘ウイルス
日本脳炎	鳥，豚，馬	日本脳炎ウイルス
腎症候性出血熱	野生ネズミ	HFRS ウイルス
オウム病	鳥，哺乳類	リケッチア
つつが虫病	齧歯類	リケッチア
猫ひっかき病	猫？	？
炭疽	牛，豚，羊など	炭疽菌
ブルセラ病	牛，羊，犬など	ブルセラ菌
豚丹毒菌感染症	豚，魚類	丹毒菌
結核	牛，羊など	結核菌
野兎病	野兎	野兎菌
パスツレラ病	哺乳類，鳥類	パスツレラ菌
レプトスピラ病	ネズミ，犬	レプトスピラ菌
鼠咬症	ネズミ	鼠咬症スピリルム
赤痢	犬，猫，サル	赤痢アメーバ
エルシニア菌感染症	豚，犬，猫	エルシニア菌
細菌性食中毒	各種動物	各種細菌
トキソプラズマ症	猫，犬，豚	トキソプラズマ原虫
海綿状脳炎（？）	牛，羊，ミンク	プリオン？

人畜共通伝染病のうち，現在わが国でも発生している，もしくは発生する可能性のあるもの，または発生していなくても重要なものを示した．

れるものといった分け方もできます.

人も家畜も重篤な症状を呈するものの代表として,狂犬病があげられます.ウイルスが原因の病気ですが,流涎(りゅうぜん)が激しくぶるぶる震え,水をうまく飲めないことから恐水症とも呼ばれます.わが国では1957年以降,人および家畜とも流行はなく,国内ではほぼ絶滅したものと考えられています.ただし,世界的には常在し,先進諸国では野生動物に根深い発生があるといわれています.わが国ではその危険性はなくなったと喜んでばかりいられないのは,近年増加している帰化動物の問題があるからです.アライグマは日本各地で野生化してその個体数を増やしており,農業被害も増加傾向にあります.今のところ,被害は農業生産物が主体ですが,もし狂犬病のウイルスを持つ個体がわが国に入り込み,野生化したとしたら,再び狂犬病汚染国に逆戻りすることになります.

口　蹄　疫

2000年春に,わが国で口蹄疫が発生し,大きなニュースになったことは記憶に新しいでしょう.口蹄疫はウイルスが原因の人畜共通伝染病ですが,人間に感染してもそれほど恐ろしいものではありません.家畜でも致死性は低いのですが,口の周辺や蹄(ひづめ)がただれ,衰弱して生産は極端に低下します.この病気が恐れられているのは,その伝染性の強さです.伝染は接触と空気感染によりますが,発生した場所の風下でも発生をみるという具合に,次々に伝播していきます.また現在のところ,有効な治療法はありません.いったん発生すると,大被害を及ぼすことはご存じの通りです.

BSE(狂牛病)

今1つ,人にとっても家畜にとっても致死的な病気として,脳が海綿体にかわっていく病気,海綿状脳症があります.牛ではBSE (bovine spongiform encephalopathy)と呼ばれ,90年代にイギリスで流行し,大きな問題となりました.同様の症状の疾病が羊やミンク,人でも報告されており,人ではクロイツフェルト・ヤコブ病,クールー病が知られ,ミンクでは伝染性ミンク脳症,羊

ではスクレイピー症が同じ症状です．いずれも治療法がなく，発症したら神経系が失調し，脳が海綿化するに伴い衰弱し，死亡する病気です．

　イギリスで大問題になったときは，スクレイピー症で処分した羊の廃棄肉を処理後牛の餌（肉骨粉）に使用したらしく，それでBSEを発症した牛の肉から人へ伝染した疑いがありと思われて，パニックになったものです．BSEは潜伏期間が長く，さらに発症しないと診断ができないこともあり，イギリスでは急に行動が粗暴になった牛を不思議に思いながらト畜場送りにしてしまった農家もあるのかもしれません．この病気は，プリオンといわれるタンパク質の一種が原因であるのではと疑われています．体内に入った異常型プリオンタンパク質が正常な遺伝子と結び付いて病気を引き起こすのではと考えられています．なお，わが国では1982年にスクレイピーが発症しましたが，その後発生の報告はなく，BSEの危険はないものと信じられていましたが，つい最近発生が確認され，大騒動になっています．

口蹄疫，BSEと飼料

　こうした口蹄疫やBSEは，そもそもわが国には存在しなかった病気です．わが国は，こうした深刻な人畜共通伝染病とは無縁なクリーンアイランドとして世界に知られていました．しかし，今やそんな評判もなくなってしまいそうな状況です．

　こうした問題は，もちろん第一義的には防疫の問題ですが，実は根深いところで私たちの家畜の飼い方に関連しています．本来，畜産はその土地でとれるものを家畜に食べさせて，乳や肉をとる生産システムでした．草食家畜ではこれが典型的で，いわゆる土地を基盤とした家畜生産システムと呼ばれています．

　わが国の乳牛も肉牛も，本来はわが国で生産される餌を食べさせて乳肉を生産し，労力を作り出してきました．それが今では，肉牛では餌のうちのほぼ90％，乳牛ではおよそ50％を輸入に頼っています．これには2つの理由があります．

　第1には，より効果的に短時間で乳肉生産を行うためには，穀類を主体とす

る濃厚飼料を給与せざるを得ません．「肉を作る」ところで述べたように，濃厚飼料主体なら18カ月で700kgまで肉牛を肥育することができますが，草主体だと24，25カ月かかってしまいます．また，1万kg以上の乳を1頭の牛から1年間で搾るためには，やはり濃厚飼料の力に頼らざるを得ません．もっとも，適度な濃厚飼料の給与は草の飼料価値を高め，牛から出るメタンを低く抑える利点もあります．ご存じのように，メタンは地球温暖化の大敵です．

病気と輸入飼料

　もう1点は，輸入飼料が国内生産のそれより安いのです．これは農家にとって切実な問題です．より安価な製品をより多く消費者に提供するためには，農家は少しでも安い餌を探します．そうしなければ経営していけないという経済的な理由も深刻です．実際，北海道においてさえ，自分の土地で牧草を育てて乾草やサイレージを作る生産費（機械代，燃料費，人件費）は，ときとしてアメリカや中国，オーストラリアから輸入される乾草より高くなってしまったりする場合もあるのです．

　口蹄疫は輸入した稲わらが原因らしいといわれています．稲わらは国内で十分とれますが，さまざまな理由から，現在までほとんど流通には乗らなくなりました．結局，台湾，中国，韓国から安価な稲わらを輸入するようになってしまいました．

　BSEも輸入した肉骨粉が原因ではと考えられています．牛に肉骨粉を与える是非が議論されたりしますが，反芻胃のところで述べたように，草食家畜が草だけを食べて生きていけるのは，反芻胃の中で窒素からタンパク質をつくることができるからです．窒素源としては植物性だろうが動物性だろうが，微生物には関係ありません．肉骨粉も国内で安価にうまく流通していれば，これはこれで効果的なリサイクルとして機能したはずですが，輸入肉骨粉に含まれていた異常プリオンが，このリサイクルをぶち壊してしまったのです．この口蹄疫やBSE騒ぎは，わが国の家畜の飼い方と輸入飼料問題を考え直すいい機会かもしれません．

牛痘とエキノコックス

　伝染病のうち，家畜では深刻な病気ですが，人が感染しても軽微で終わってしまう病気があります．有名な牛痘です．19世紀にジェンナーという医師が，搾乳者は牛痘にかかるけれども指などに軽微な発症をみるだけで，そればかりか牛痘に感染した人は疱瘡（天然痘）にかからないことに気付き，種痘が行われるようになったわけです．一方，家畜や動物には無症状で，人には重大な疾病となる人畜共通伝染病もあります．

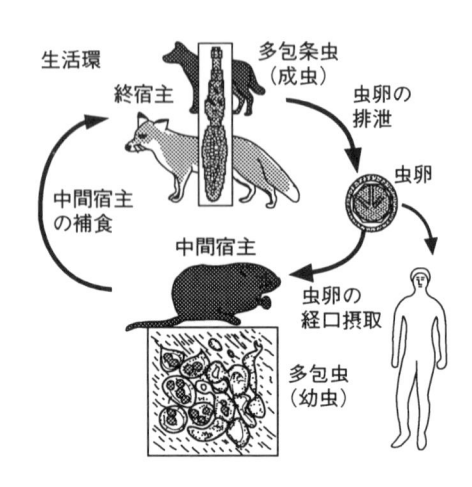

エキノコックスの感染の模式図（北海道大学大学院獣医学研究科寄生虫学教室原図）

　本来，キツネとネズミに寄生する条虫の一種にエキノコックスという寄生虫がいます．寄生されたネズミを食べたキツネの糞に虫卵が入り，それがまたネズミに戻るという経路をとります．ネズミのかわりに豚が入ることもありますが，こうした宿主には深刻な症状は現れません．体外に排出された虫卵が，経口的に人の体内に入り，そこで孵化した場合，人に対しては致死的な疾病に至るといわれています．

　この寄生虫は，はるか北方にその起源を持つといわれ，わが国では1965年代

に道北および道東で発見され，現在はおおむね全道にその分布を広げていると考えられています．現在のところ，内地府県では発生は報告されていませんが，津軽海峡に海峡トンネルができたことで状況がかわってきました．

動物の心身症

さて，お互いに感染するわけではないのですが，最近多くなってきた人畜共通の病気をあげましょう．それは心身症です．人では子供で報告が増え始め，また家畜ではペットで報告されています．犬や猫の場合，次のような状況下でみられます．すなわち，それまでそこの家のお嬢さんが可愛がっていた猫が，お嬢さんのお嫁入り後，異常な行動をとるようになったとか，子供がいない夫婦が可愛がっていた犬が，夫婦に赤ん坊が生まれたとたん異常な行動を示すようになったなどです．この異常な行動とは，猫では自分の体毛を嘗めとって，赤裸になってしまう行動が報告されています．ペットにもサイコロジカルケアが必要な時代になってきました．

最後に，同じような範疇で，人が原因で家畜の異常を生んでしまう現象についても触れておきます．ペットの異常行動で，獣医診療の世界では異常行動と呼ばず問題行動と呼称しています．主に，犬でみられる"病気"です．1番多い問題（異常）行動は，かわいがっていた犬が横暴になり，飼い主を攻撃するようになったというものです．いつもソファに座る犬を退かせようとしたら噛まれたとか，餌を与えるときに噛まれたとかいったものが多いようです．

この原因は，犬の群れの社会構造にあります．飼い犬も家族を群れと認識しているらしく，既述のような優劣順位構造があるものと考えているようです．こうした捕食者の群れの順位はなかなか熾烈で，優位個体は絶対です．犬を甘やかして可愛がる行動が，犬自身に"自分は飼い主より優位個体だ"と自然に認識させてしまうことが原因だといわれています．

家畜と人のこれから

　最近，家畜福祉という言葉をよく耳にするようになりました．人によっては，家畜愛護とか家畜の権利とかいう用語と同じ意味で使っている向きもあります．これらは，実は意味が異なっています．そしてまた，東洋と西洋のように，自然観や動物観の歴史的風土が異なっていると，実は同じ言葉で表現しても深いところで意味が異なる場合もあるのです．

動物愛護と家畜福祉
　動物愛護の思想は，19世紀イギリスで典型的に発展したものでした．その背景には，当時のイギリスにおける動物の扱いがきわめて劣悪で，残酷であったという背景があるようです．犬と雄牛を戦わせたり，熊と犬を戦わせたりすることは，当時，人気の見せ物だったようです．また，欧州全体からみてもイギリスはひどいところだったらしく，イタリア人の劇作家に"イギリスの馬にだけは生まれたくない"と嘆かせたことが伝えられています．そんな中で，その反動として，主として上流階級を中心に動物を愛護しようとする動きが強まり，動物愛護運動となったものです．しかし，これはあくまで人間が中心で，"酷く扱われる動物をみていると，人が辛い"という，あくまで考え方が人間中心であったように思われます．

　一方，家畜福祉は20世紀の後半に，盛んに主張されるようになった考え方です．その発端は，イギリス人のルース・ハリソン女史が著した『アニマル・マシーン』という本でした．今読んでみると，この本はたぶんに情緒的な面もあり，すぐにすべてに頷けるという内容ではありませんが，現在の家畜の置かれている状況を克明に描写したもので，イギリス国民を中心に欧米社会に大きな衝撃を与えました．その直後，イギリスではブランベル委員会という組織が家畜の取扱いについて一連の飼育基準を作りました．この根本思想は虐待の防止です．しかし，この委員会の基準は，家畜が自由に，"立つこと"，"寝ること"，

"まわること"，"体を伸ばすこと"，"体を搔くこと"を保証すべしという5つの自由を答申した結果に終わりました．ただし，その後，この家畜福祉運動は，欧米各地で一大勢力となり，各国々もこれに関する法律を持つようになりました．わが国においても，現在「産業動物の飼養及び保管に関する基準」が定められ

密飼い肥育された結果，柵舐めを繰り返す和牛子牛（上）と断尾された育成乳牛（下）

ています。

こうした家畜福祉の思想では、人の感情や思惑とは別個に、家畜を虐待することは避けられなければならないとされています。すなわち、「家畜は苦痛を感じるのは生理学的にも解剖学的にも事実であり、ある種の苦痛が不必要に家畜に加えられているとすれば、それは虐待である」、「不必要であることがわかっていて苦痛が加えられるのを放置することは、これは人の倫理（モラル）の問題である」とするものです。このことから、家畜福祉の思想では、ト殺することをタブー視してはいません。問題は殺すことではなく、殺し方と飼い方なのです。

家畜の権利思想と家畜福祉

一方、こうした家畜福祉の思想が発展する中で、さらにラジカルな思想も芽生えてきました。"家畜（動物）の権利"（アニマルライト）という考え方です。この思想においては、「あらゆる動物は生きる権利があり、何人もこの権利を侵すことはできない」とするものです。この思想を遵法する方々は、ベジタリアンにならざるを得ないわけで、さらに靴や鞄などの皮革製品も身に着けないそうです。その点で、家畜の権利思想は歴史的な家畜生産と相容れません。

家畜福祉思想が殺すことは問題ではなく、苦痛を与える飼い方や殺し方が問題だとするならば、現代の家畜生産と何ら齟齬なく共存できるものです。それどころか、家畜福祉思想を取り込むことにより、家畜の苦痛を減らし、長期的かつ持続的な意味での生産効率を上げることが可能かもしれません。ここで問題となるのは、家畜生産にとって不必要な苦痛とは何かということでしょう。

例えば去勢することにより、計画外の繁殖を防ぎ、また雄に特有の危険を減らし、肉質を向上させます。ただし、苦痛を与えます。牛の除角は不慮の事故の可能性を防ぐためには必要なことですが、当然、除角時には個体に苦痛を伴います。乳牛の尾を30cmほど残して切断することが北米を中心に推奨されています。牛舎内では尻尾に糞尿が付着することが多く、これを切断すると舎内の衛生環境が格段によくなるというのがその理由です。

何が必要で何が不必要な技術かを判断することは，以上の例からみてもたいへん難しいことなのです．私はもちろん家畜に苦痛を与えたくないと思っていますが，立派な角を持った気の立った雄牛と単房に閉じこめられる危険は避けたいし，酪農家なら清潔な牛乳を出荷するためには断尾せざるを得ないという気持ちに理解を持ちます．

家畜福祉のグローバリゼーション

　前節で説明した福祉思想は世界的な広がりを持ちつつあります．しかし，この思想が欧米原産であることは，グローバリゼーションの中で齟齬を生じさせる部分があるでしょう．アジアは過去も現在も世界最大の畜産地帯です．そして，人と動物が一体化した独特の自然観を築き上げてきました．例えば，わが国の例で，畜魂碑とか獣魂碑とかいわれるモニュメントがたいていの家畜飼育施設，ト畜場，大学の農獣医学部に設けられています．実は，欧米にはこういったモニュメントはありません．イギリス人が日本人とイギリス人対象に行ったアンケートでも，イギリス人は死後の人の魂の存在を信じる割合が比較的多い一方，動物の魂を信じる人は少なくて，日本人は同じ割合の人が両者を信じています．

　北海道は，開拓時代に何度かイナゴの襲来で大被害を受けた歴史を持っています．十勝地方も何度かイナゴの大群の襲来を受け深刻な打撃を受けた地域ですが，その1地区の小さな神社の境内にイナゴの慰霊碑が建っています．こういう開拓の歴史を記録する目的もあるのでしょうが，同時に退治したイナゴの霊を慰める目的もあるのでしょう．一方，北米ユタ州の州都ソルトレイクシティには，カモメの碑が建っています．やはり，この州がイナゴの大群に襲われたとき，こんな海から遠く離れた内陸に，どこからともなくカモメの大群が現れてイナゴを食べ尽くしてくれたという話を記念して建てたものだそうです．象徴的な東西文化の違いといえます．家畜福祉思想が世界的な視野を持つためには，こうした地域ごとの風土の違いを十分に把握して，進展していくべきでしょう．

アジア的家畜福祉，共生の伝統とグローバリゼーション

　さらにいえば，こうしたアジア独特の世界観を，逆に欧米主体の家畜福祉思想に取り込むとともに，新たな人と家畜の関係を築き上げる礎(いしずえ)にすべきではないでしょうか．欧米の伝統的な人と家畜の2項対立の図式で考えることを止め，ごく自然に人は人，家畜は家畜ととらえ，どちらも大地の上に共生する生き物として考えていくような図式を敷くことが必要なのではないでしょうか．

　欧米で，ごく自然に新しい人と家畜の関係を樹立した家畜種がいます．馬です．馬は家畜化して以来，最初は食糧として，その後は強力な動力源として，また輸送・移動手段として人類に多大な貢献をしてきました．さらに軍事兵器として，歴史をかえてきた家畜でもあります．そんな歴史も，欧米ではいち早いモータリゼーションの波の中で，大きくかわってきました．

馬にみる人と家畜のこれから

　わが国では，明治維新前まで馬は輸送力の主体ではありませんでした．馬車さえ使用されていなかったのです．また，江戸300年もの平和な時代に，軍事兵器としての馬はほとんどその意味をなくしてしまいました．明治維新以後，欧米列強と競うため，急激に馬を改良増殖し，第二次大戦直前には150万頭もの馬を有するようになっていました．ところが，実際には馬の役割は第一次，第二次大戦を通じて終わりかけていたのです．

　馬の役割を3つの時期に分けて考えるという知見があります．第1期は，人類が馬を食糧に用いていた時代，第2期は動力源や輸送・移動手段として，また強力な兵器として用いていた時代，そして第3期は馬が人の伴侶としてさまざまな面で恩恵を与えてくれる時期とするものです．この考え方によれば，欧米では世界大戦前後から徐々に馬の役割は第2期から第3期に移行してきており，現在は第3期にすでに入っていると分析しています．一方，急激な馬の使用とモータリゼーションがほんの少しの時間のずれで押し寄せたわが国では，第2期が終焉すると同時に馬の役割は終わってしまい，競走馬の世界しか残ら

家畜と人とのふれあい

なかったとみなすことができます．確かに欧米の馬の飼養頭数は，すでに産業における意味はほとんどないにもかかわらず，この20から30年間であまり大きな変化はありません．恐らく，産業家畜としての意味はなくとも，馬は欧米人にとって独特の意味合いの家畜になっているのでしょう．

　家畜がすべて，この馬のような位置付けにはならないでしょうし，またなっても困ります．しかし，このような家畜の位置付けも，21世紀の私たち人類の社会では1つの居場所かもしれません．人と家畜の関係は今後も続いていくでしょう．そして，さらに新しい関係が築き上げられていくことと思います．

家畜はどんなところで暮らしてきたか

厩という言葉を知っていますか

今日では，競馬で厩舎というように使われることが多いのですが，本来は厩であり，それは単に馬や牛が逃亡するのを防ぐための囲いを意味しているだけでした．今日，畜舎を意味する barn という英語も 950 年頃に初めて文献に出てきたのですが，当時は穀物などを貯蔵するための屋根付きの小屋の意味であり，家畜は特別の場合を除いては，自然環境の影響などは考慮されず，自然草地や囲いの中で粗放な飼い方をされていたようです．

16 世紀のフランドル地方の農法の変革を発端とし，19 世紀初めのイギリスにおけるノーフォーク式輪作の確立などにより冬季の飼料が生産され，年間を通じての舎飼いが容易になるにつれ，また，これらの農法により家畜の重要性の認識が進むにつれ，家畜を風雨や日光から守る構造物が畜舎として現れましたし，また，洋の東西を問わず，住宅に接した差掛け小屋の形で畜舎が作られ，家畜が過しやすい環境が作られ始めました．

そして，環境制御の時代へ

今世紀初頭に，ウィスコンシン大学のキング教授やカナダ政府の獣医であったラザホードにより，当時のアメリカ北部やカナダの酪農にとって最大重要問題であった結核や肺炎に対処するための温度差換気手法が創案され，畜舎における環境制御の研究が畜産に寄与することが明らかになりました．

一方，これまた今世紀初頭から 1930 年頃にかけて，養鶏業の進展に伴い，アメリカでさまざまな様式の鶏舎が試みられ，その結果，バタリーが普及し始めました．これは 1950 年頃から今日のケージに移行しましたが，そこで重要なのは従来の平床をスノコ床とした床構造の変革という点で，これにより生体と糞尿が常に接していたのが分けられて，衛生的となりましたし，糞処理がきわめて省力的になり，後述の集約的畜産発展の土台となりました．

第二次世界大戦により各国の農業は甚大な打撃を受け，1950年代後半にはその急速な復興が世界的な課題でしたが，一方では労働力の不足がありました．そこで，畜産では必然的に群飼による多頭羽飼育と飼育の省力化，すなわち集約的な生産が求められました．そして，それに即した畜舎が要望されるようになり，上記のスノコ床が牛舎や豚舎でも用いられるようになりました．

　さらに，イギリスで1949年に種鶏業で先駆的に，1957年にはブロイラー経営で実用的に，また，アメリカではその直後に，日本では1962年に無窓鶏舎が建設され，続いて種豚業を経て，肉豚および肉牛でも無窓畜舎が用いられ，ここに本格的な舎内環境制御時代に入りました．この無窓畜舎とは，建物全体を断熱材で覆い，新鮮空気は換気扇により取入れ量を自由に調節し，それらにより舎内気温を適切に保つようにしたものですが，四周を囲っているので，光環境も自由に調節することができ，養鶏ではむしろこの点が重視されています．

日本の気候の特徴は

　ここで少し話題をかえ，日本の気候の特徴をみてみましょう．図は横軸が気温，縦軸が湿度を表し，ヨーロッパの代表としては養鶏の盛んなオランダ（デビルト），同じく養鶏で昔から有名なアメリカ・カルフォルニア（サンディエゴ），東南アジアを代表して米・ブロイラー生産の盛んなタイ（バンコク），ならびに，日本のほぼ中央に位置する静岡を例にとり，それらの地域の毎月の平均気温と平均湿度をプロットして得られたクライモグラフです．いかがですか．随分はっきりと各地域の気候の型がわかるでしょう．そして，何と日本の気候は家畜にとって不利にできているのでしょうか．すなわち，ヨーロッパには日本の夏がなく，ただ寒さのみを考えればよく，東南アジアでは暑さだけを考えればよいのに対し，日本ではそれら両方に考慮しなければならないのです．さらに，雨量をとってみても，日本はタイよりも年間では多く，また，ヨーロッパに比べて日射量も多いのです．

　このような特徴は畜舎を計画するときにも影響を与えます．前項で述べたように，日本では1962年に無窓鶏舎が初めて建てられましたが，実はこれは大失

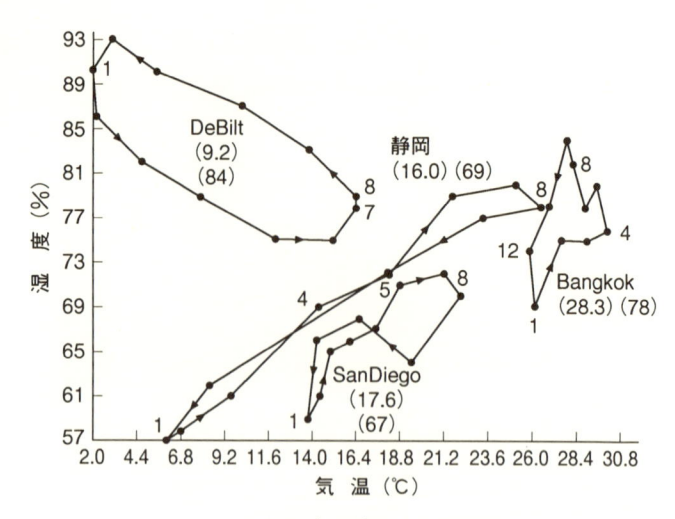

クライモグラフ
(　)上段および左欄は年平均気温(℃), 下段または右欄は年平均湿度(%).

敗で，翌年7月には出入口や非常扉などすべての開放可能なところを明けざるを得ませんでした．気候のよいアメリカ・カルフォルニア（図参照）の無窓鶏舎を，そのまま猿真似して作ったからでした．

また，このような気候上の特徴と，日本の畜産が基本的には明治時代になってもっぱら都市を中心にして根付いてきたこととから，日本では舎飼いに頼って畜産が伸びてきましたし，それに応じた管理技術ができあがったといえます．

さらに新たなる時代へ

すでに述べましたように，欧米では1950年代後半から集約畜産が急速に展開しましたが，その集約化の特徴は高密度な閉じ込め群飼で，従来のような牧歌的なものではなかったので，1960年代になると違和感から都市住民の批判が生まれました．これがやがて動物福祉の思想に進展し，1978年には農用家畜保護協定が欧州審議会で作成され，各国で批准し，それに基づく法制化が進み，ここに集約畜産は諸般にわたる法的規制を受けることになりました．

日本においては欧州でのようには動物福祉思想が自然発生しませんでした

が，世界の風潮を受け，1973年に「動物の保護及び管理に関する法律」が公布され，これを受け1987年には「産業動物の飼養及び保管に関する基準」が告示されました．なお，上記の法律は2000年に"動物が命あるものである"ことに基づいた「動物愛護管理法」に改正施行されました．

このような法的整備において，畜舎をはじめとする収容関係施設設備が重要な対象となるのは当然ともいえ，ここに家畜の住み家は福祉をも考えねばならない新しい時代に入ったといえましょう．

そもそも，動物福祉思想を触発したのは鶏のケージ飼育や豚のストール飼育などでした．日本では現在でも繁殖豚が個別に仕切られたストールで飼われることが多いのですが，福祉の立場からは繁殖豚であっても同種仲間との社会的接触が求められ，すでに1980年代にエジンバラ大学でファミリーペンシステムと呼ばれる，4頭の雌とその子豚を一緒に飼育するシステムが開発されました．1990年には1つの豚房に6頭の繁殖豚を収容するとともに，社会的順位が上位の個体に下位の個体が邪魔されないで採食できるように6頭同時採食可能な個体別給餌器を備え，さらに発情発見も容易なH-Mシステムをグエルフ大学が

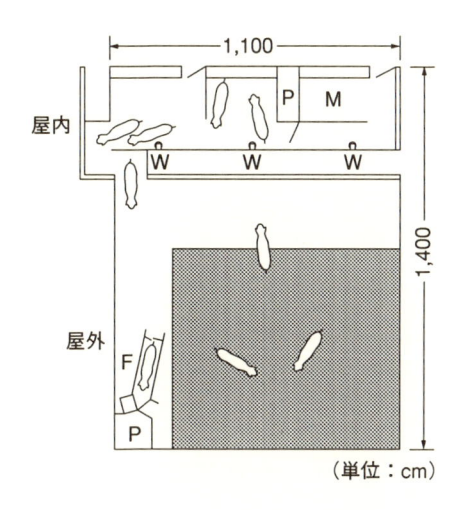

麻布大学ファミリーペンシステム (Tanida, H. et al., 1992)
W：給水器，M：多目的豚房，P：子豚用シェルター，F：コンピュータ自動給餌器．

発表しました．図には麻布大学のグループが1992年に発表した麻布大学ファミリーペンシステムを載せましたが，これは豚が野外で現す行動も発揮できることや，個体管理の特性を生かすコンピューター自動給餌器も組み込んだもので，繁殖豚がこのシステムで一生を過せるように工夫したものです．

牛を桃林の野に放つ

この言葉は，戦争が終わって平和が戻り，戦争のために集められ使われた牛馬を故郷に戻してのんびりさせるという詩の一部なのですが，福祉の立場からも牛をのどかな牧場で飼ってやれたらと思いませんか．また，鶏でも，適当に茂った野原で放し飼いされているのは何となく楽しげですね．

確かに行動の自由さという点からは放し飼いが望ましいのです．しかし，実はそれだけでは福祉の立場からみても危ないのです．

牛では厄介なことに，放牧地で特に発生が多く，被害も大きい，便宜的に一括して放牧病と呼ばれる各種の病気があるのです．特に有名なのは沖縄以外の全国の放牧地で発生する小型ピロプラズマ病（俗に小型ピロ）で，実際的な対応としては牛自身に抵抗性を持たせるしかないといわれています．

それだけでなく，この小型ピロに汚染した東北の放牧場における調査の際にわかったことですが，庇陰舎(ひいんしゃ)の面積が小さかったため，表で明らかなように，社

序列別にみた庇陰舎の利用性と発病率（小型ピロ病）

年度	序列	頭数	庇陰舎の利用性と発病率(%)*				計
			I（終日入れる）	II（ときどき入れる）	III（ときどき入ろうとする）	IV（入ろうとしない）	
43	上位	13	0(0/12)	0 (0/1)	—	—	0 (0/13)
	中位	24	0(0/4)	22.9(2/9)	0 (0/5)	66.7(4/6)	25.0(6/24)
	下位	18	—	—	50.0(3/6)	75.0(9/12)	66.7(12/18)
	計	55	0(0/16)	20.0(2/10)	27.3(3/11)	72.2(13/18)	32.7(18/55)
44	上位	11	0(0/10)	0 (0/1)	27.3(3/11)	—	0 (0/11)
	中位	17	0(0/3)	0 (0/6)	0 (0/4)	40.0(2/5)	11.8(2/17)
	下位	13	—	—	33.3(1/3)	60.0(6/10)	53.8(7/13)
	計	41	0(0/13)	0 (0/7)	14.3(1/7)	53.3(8/15)	22.0(9/41)

*（ ）内は（発病頭数/利用頭数）．

(照井信一，1986)

会的順位が中ないし下に属する牛は，順位（序列）上の牛に睨まれて夏季の炎天下でも庇陰舎に入ることができず，とりわけ下位のものは直射光の下で立ったまま過し，その結果，夜半過ぎまで元気および食欲が回復せず，翌日も同様で，結局，数日後には小型ピロの発病が認められました．

いいかえますと，一見気持ちのよさそうな草地も，寄生虫感染や過酷な天候による病気発生の可能性を持っているとともに，社会的順位や個体の行動，さらに庇陰舎の面積など各種要因が複雑に絡み合って発病および死亡にまで至るのであって，これらの要因に十分な考慮を払っていなければ，楽しそうな放牧も実はきわめて危険で，家畜福祉に反する場合もあるといえるのです．

地球がもっと暑くなったら

現在，地球は温暖化していて，このままだと日本では100年後には年平均気温が3.6℃くらい上昇すると考えられます．そうなったら，日本の家畜生産はどうなるのでしょう．

これについては，農林水産省の依託プロジェクト「地球温暖化関連家畜飼養技術等検討調査事業」が1991〜1994年度に行われました．その報告書や従来からの環境生理学の知見からみまして，養鶏や養豚では特には重大な被害がないと思われますが，そもそもが暑さに弱い乳牛と暑熱によって精液性状が悪化する雄畜では，現在のような畜舎では深刻な被害が出ると考えられます．

それに対抗するためには，耐暑性育種や立地移動などもありますが，まずは現在ほとんど考慮されていない畜舎における冷房が検討されねばなりません．その際，畜舎全体の冷房では熱効率が悪く，費用も大きくなるので，相手が乳牛や雄畜で床に座っていることが多いことを考えれば，床冷却が考慮されるべきでしょう．また，冷風やシャワーの効率的利用も考えねばならないでしょう．

なお，これは余談ですが，温暖化により穀物生産は当然大きな打撃を受けたり，生産地の移動も起こるでしょうが，それらにより外国からの輸入穀物に依存しているわが国の畜産がどのような影響を受けるのかが前述とともに大きな問題です．

"家畜"のサイエンス	定価（本体 3,400 円＋税）	
2002年2月10日　初版第1刷発行	＜検印省略＞	
2013年3月20日　初版第3刷発行		

執筆者代表	森　田　琢　磨	
発行者	永　井　富　久	
印刷製本	㈱平河工業社	
発　行	**文永堂出版株式会社**	
	〒113-0033　東京都文京区本郷 2-27-18	
	TEL　03-3814-3321　FAX　03-3814-9407	
	振替　00100-8-114601 番	

Ⓒ 2002　森田 琢磨

ISBN 978-4-8300-4102-0

文永堂出版の農学書

農学書

植物生産学概論	星川清親 著	¥4,200 〒400
植物生産技術学	秋田・塩谷 編	¥4,200 〒400
作物学（Ⅰ）—食用作物編—	石井龍一 他著	¥4,200 〒400
作物学（Ⅱ）—工芸・飼料作物編—	石井龍一 他著	¥4,200 〒400
作物の生態生理	佐藤・玖村 他著	¥5,040 〒440
緑地環境学	小林・福山 編	¥4,200 〒400
植物育種学 第4版	西尾・吉村 他編	¥5,040 〒400
植物育種学各論	日向・西尾 編	¥4,200 〒400
植物病理学	眞山・難波 編	¥5,460 〒400
植物感染生理学	西村・大内 編	¥4,893 〒400
園芸学	金浜耕基 編	¥5,040 〒400
園芸生理学 分子生物学とバイオテクノロジー	山木昭平 編	¥4,200 〒400
果樹の栽培と生理	高橋・渡部・山木・新居・兵藤・奥瀬・中村・原田・杉浦 共訳	¥8,190 〒510
果樹園芸 第2版	志村・池田 他編	¥4,200 〒440
野菜園芸学	金浜耕基 編	¥5,040 〒400
観賞園芸学	金浜耕基 編	¥5,040 〒400
花卉園芸	今西英雄 他著	¥4,200 〒440
"家畜"のサイエンス	森田・酒井・唐澤・近藤 共著	¥3,570 〒370
畜産学入門	唐澤・大谷・菅原 編	¥5,040 〒400
畜産経営学	島津・小沢・渋谷 編	¥3,360 〒400
動物生産学概論	大久保・豊田・会田 編	¥4,200 〒440
畜産物利用学	齋藤・根岸・八田 編	¥5,040 〒400
動物資源利用学	伊藤・渡邊・伊藤 編	¥4,200 〒400
動物生産生命工学	村松達夫 編	¥4,200 〒400
家畜の生体機構	石橋武彦 編	¥7,350 〒510
動物の栄養	唐澤 豊編	¥4,200 〒440
動物の飼料	澤澤 豊編	¥4,200 〒440
動物の衛生	鎌田・清水・永幡 編	¥4,200 〒440
家畜の管理	野附・山本 編	¥6,930 〒510
風害と防風施設	真木太一 著	¥5,145 〒400
農地環境工学	山路・塩沢 編	¥4,200 〒400
農業水利学	緒形・片岡 他著	¥3,360 〒400
農業機械学 第3版	池田・笂田・梅田 編	¥4,200 〒400
生物環境気象学	浦野慎一 他著	¥4,200 〒400
植物栄養学 第2版	間藤・馬・藤原 編	¥5,040 〒400
土壌サイエンス入門	三枝・木村 編	¥4,200 〒400
新版 農薬の科学	山下・水谷・藤田・丸茂・江藤・高橋 共著	¥4,725 〒400
応用微生物学 第2版	清水・堀之内 編	¥5,040 〒440
農産食品—科学と利用—	坂村・小林 他著	¥3,864 〒400
木材切削加工用語辞典	社団法人 日本木材加工技術協会 製材・機械加工部会 編	¥3,360 〒370

食品の科学シリーズ

食品化学	鬼頭・佐々木 編	¥4,200 〒400
食品栄養学	木村・吉田 編	¥4,200 〒400
食品微生物学	児玉・熊谷 編	¥4,200 〒400
食品保蔵学	加藤・倉田 編	¥4,200 〒400

森林科学

森林科学	佐々木・木平・鈴木 編	¥5,040 〒400
森林遺伝育種学	井出・白石 編	¥5,040 〒400
林政学	半田良一 編	¥4,515 〒400
森林風致計画学	伊藤精晤 編	¥3,990 〒400
林業機械学	大河原昭二 編	¥4,200 〒400
森林水文学	塚本良則 編	¥4,515 〒400
砂防工学	武居有恒 編	¥4,410 〒400
造林学	堤 利夫 編	¥4,200 〒400
林産経済学	森田 学編	¥4,200 〒400
森林生態学	岩坪五郎 編	¥4,200 〒400
樹木環境生理学	永田・佐々木 編	¥4,200 〒400

木材の科学・木材の利用・木質生命科学

木質の構造	日本木材学会 編	¥4,200 〒400
木質の物理	日本木材学会 編	¥4,200 〒400
木質の化学	日本木材学会 編	¥4,200 〒400
木材の加工	日本木材学会 編	¥4,179 〒400
木材の工学	日本木材学会 編	¥4,179 〒400
木質分子生物学	樋口隆昌 編	¥4,200 〒400
木質科学実験マニュアル	日本木材学会 編	¥4,200 〒440

定価はすべて税込み表示です

文永堂出版
〒113-0033 東京都文京区本郷 2-27-18　TEL 03-3814-3321
URL http://www.buneido-syuppan.com　FAX 03-3814-9407